中国传统建筑木作知识入门
木装修、榫卯、木材

汤崇平　编著
马炳坚　主审

全国百佳图书出版单位
化学工业出版社
·北京·

本书共分三章。第一章介绍中国传统木构建筑木装修的基础知识，包括木装修的发展与演变、功能与作用、特点、种类、技术要点、加工制作及安装等。第二章介绍中国传统木构建筑榫卯的基础知识，包括榫卯的起源、形成原理、功能及作用、种类及构造等。第三章介绍中国传统木构建筑用材的基础知识，包括木材的特性、分类、品种、应用、识别、构造等。书中各部分内容都附有详细的插图和权衡尺寸表，图片清晰，标注明确，使用起来十分方便。

本书适用于以清代官式做法为主的新建、改建、修缮古建筑工程，是作者从事古建筑施工、设计40多年来的实践经验的总结，对古建筑领域的施工技术人员等有较大的参考作用。

图书在版编目(CIP)数据

中国传统建筑木作知识入门．木装修、榫卯、木材 / 汤崇平编著．
北京：化学工业出版社，2018.4（2025.3重印）
ISBN 978-7-122-31745-2

Ⅰ．①中… Ⅱ．①汤… Ⅲ．①木结构-建筑结构-基本知识-中国 Ⅳ．①TU366.2

中国版本图书馆CIP数据核字（2018）第051102号

责任编辑：徐　娟　　　　　　　　　　　　　装帧设计：汪　华
责任校对：王　静　　　　　　　　　　　　　封面设计：尹琳琳

出版发行：化学工业出版社（北京市东城区青年湖南街13号　邮政编码100011）
印　　装：北京建宏印刷有限公司
880mm×1230mm　1/16　印张17¼　字数400千字　2025年3月北京第1版第6次印刷

购书咨询：010-64518888　　　　　　　　　　售后服务：010-64518899
网　　址：http://www.cip.com.cn
凡购买本书，如有缺损质量问题，本社销售中心负责调换。

定　　价：98.00元　　　　　　　　　　　　　　　　版权所有　违者必究

序一

《中国传统建筑木作知识入门——木装修、榫卯、木材》一书重点介绍了关于木装修、榫卯结合技术以及木材的相关知识，是《中国传统建筑木作知识入门——传统建筑基本知识及北京地区清官式建筑木结构、斗栱知识》一书的姊妹篇，两本书的内容构成一套北方官式传统木结构建筑技术体系。

在中国传统木构建筑当中，木装修是一个特殊的部分。它是除柱、梁、枋、檩、板、椽以及斗栱等主体结构之外的几乎所有部分的总称，包括各种门，各种窗，各种栏杆、楣子以及与它们相关联的部分，还包括楼梯，室内各种天花、藻井、壁板、护墙板，以及用于分隔空间并兼有装饰功能的各种碧纱橱、花罩、几腿罩、炕罩、栏杆罩、圆光罩、多宝格等，可谓内容庞杂、包罗万象。

传统建筑中的木装修，其对象都是具有各种使用功能的实体，它是主体建筑的必要补充，是人们生活中不可缺少的部分。它不同于现代建筑"装修"的概念。现代建筑的"装修"主要侧重于"包装"和"修饰"，从这种意义上来说，作为传统建筑重要内容的油饰与彩画，不应属于"装修"的范畴。正是由于传统建筑木装修具有实用性同时又兼有装饰功能，因此，它是集技术与艺术于一身的特殊部分，其构造和制作难度不亚于大木结构。

在中国传统木构体系中，不论是柱、梁、枋、檩、板、椽等大木构件，还是坐斗、昂、翘、横栱等斗栱构件，也包括木装修的各个构造部分，都是凭榫卯结合在一起的。榫卯结构是中国木构建筑最具特色的内容。

构件之间的结合采用榫卯结合的方式，虽然与建筑材料（主要是木材）有直接关系，但这绝不是唯一的原因，更主要的因素是出自于我们祖先对世间事物自然规律的认识，是先人的仿生观念、阴阳意识、顺其自然、师法自然的宇宙观赋予他们的聪明与智慧。

在流传至今的传统建筑名词术语中，有许多仿生观念的痕迹，如：屋顶坡度中的"步"和"举"，斗栱出挑中的"跳"与"踩"，屋顶转角部位的"翼角"与"翘飞"，以及柱子的"侧脚"等，都有模仿人或动物行为或动作的痕迹。而榫卯、节点本身就犹如人或动物的骨骼、关节。它既可以凭借榫卯使千万个物件相互结合成为一个整体，各个节点又是活的，可以活动，也可以任意进行拆装。包括木构建筑整体也是一座可以移动的物体，它与基础没有任何连接，倘有地震等自然灾害时，可以凭借柱脚、节点榫卯的活动来消解地震应力而使建筑免受解体侧塌的伤害，这也是中国历史上的木构建筑主要是毁于兵火而鲜见毁于地震的原因。钢筋混凝土框架建筑则不同，它不仅将柱子与墙体的基础牢牢固定在地基上，地面以上构件与构件之间也要浇筑成一个整体，一旦地震来袭，是凭着结构的刚度去硬抗，一旦抵抗不住，就会土崩瓦解、顷刻报废。因此，凭榫卯结合的中国传统木构建筑，不论是组装之便捷，还是抗震性能之优越，在世界建筑中都是独一无二的。

汤崇平同志的这本书，对传统建筑木装修和传统木构建筑的榫卯结构做了详尽的解析，这对我们了解木装修和榫卯之间的构造，掌握这门技术，从事木构建筑的设计与施工，无疑有最直接和最现实的帮助。其内容之具体，图解之详尽，做法之确切，无疑是一本指导木构建筑营造的百科全书，是一部虽非操作规程，但比操作规程更为具体实用的专业技术教材。

这本书是汤崇平同志几十年技术经历的忠实记录，是他多年讲授古建筑木作技术课程内容的系统梳理，是一个执着、善良、真诚而智慧的能工巧匠的心血和精神的完美展现。从这本书中我们看到了什么是工匠精神，什么叫社会担当，体味到了什么是正能量，也感悟到了什么叫文如其人。

除去对技术精益求精之外，汤崇平同志还对木材有独特的偏爱和研究。因为木材的性能、特点、材质优劣与木构建筑、榫卯功能有直接关系，而什么木材适合做大木结构，什么木材适合用于门窗装修，什么木材适合做内檐细作，什么木材适合做家具珍玩，又与建筑质量、建筑经济、循环利用有着直接的关系。木材的含水率，不同部位木材的干缩规律、翘曲规律，各种疵病及其成因，如何规避、利用和预防，如何将木材的性能优点发挥到极致，也是对一个技艺高超的木匠应有的要求。

总之，汤崇平同志的这两本书都是直接指导实践的书，是用来解决具体技术难题的书，是只有具备丰富实践经验和表达能力，同时有高度责任心、事业心和社会担当的人才能写出的书。我衷心支持这本书的出版。同时也衷心希望有更多的既有丰富实践经验，文字、画面表达能力强，充满社会责任感的同志积极参与到这个作者群体中来，用他们的辛劳和智慧，掀起我国传统建筑领域非物质文化遗产传承弘扬的新篇章！

马炳坚

二〇一八年元月二日于营宸斋

序二

很高兴得知继《中国传统建筑木作知识入门——传统建筑基本知识及北京地区清官式建筑木结构、斗栱知识》出版一年多之后，《中国传统建筑木作知识入门——木装修、榫卯、木材》也要出版了。我知道汤先生每天都有很多事情要去处理，只能利用很少的碎片时间整理书稿，能在这么短的时间里完成，其能力和毅力确实令人赞叹。汤先生依然自谦这本书只是"入门"级，其实正如我们在第一本书中已经领教了什么是汤先生所说的"入门"，汤先生所设的门槛确实不高，但"进门"后你会发现，门里的"存货"还真是不少，而且还都是"干货"。俗话说"师傅领进门，修行靠个人"，但汤先生的书不只是可以把徒弟领进门，还为他们的继续修行、深造准备了大量的资料。

如果说第一本书中的大木构架内容，主要是以先辈匠师传承下来的知识为主总结而成的话，那么本书中的木装修内容，有很多是汤先生在先辈的成果之上，根据自己的心得总结出来的。其内容除了包括木装修的各类图样，还包括大量的细部比例尺寸，制作安装方面不但包括详细的制作尺寸，还包括详细的安装尺寸，不但包括详细的制作方法，还包括详细的安装方法。书中几乎包括了官式装修的各种样式和尺寸权衡，从图案布局到棂条的剖面形式，从棂条的节点处理到具体的交接做法，无不详尽，而且正宗。例如，对于许多施工人员来说，隔扇仔屉棂条图案的放样一直是个技术难点，本书恰恰在这部分写得特别精彩。以冰裂纹样式的隔扇心屉为例，现在能做对的很少见，已经成了质量通病。本书不但告诉了读者正确的冰裂纹做法，还具体列举了7种错误的做法。

五金件原本是木装修的附件，内容上如果只做简单的介绍本属正常，但本书也照样写得有模有样，从各种装修的各类五金，到五金件的名称、使用部位、使用功能、式样、材质等，讲述得都很详细具体。这种对非本工种问题采取的跨专业的处理方式，特别适合设计和施工人员的工作需求。

汤先生在长期的实践活动与技术思考的基础上，提出了一些新的概念，例如"定尺"（定尺寸）一说的提出。在传统的施工工艺中，构件制作包括划（画）线工序，但其内容既可以包括确定尺寸，也可以不包括确定尺寸。另外与定尺意思比较相近的工作，是在构件上划（画）线之前所进行的样板制作，不确定尺寸就无法划（画）出样板，但制作构件并不是都需要先制作样板，这就使得确定尺寸这个技术环节处在了"两管两不管"的状态。由于木构件的细部尺寸的确定一直都是木作的核心技术，也一直为许多人所不熟悉，所以本书对定尺（定尺寸）的明确提出，并单独列项详述，不但突出了这一环节的重要性，更重要的是有利于传统工艺的完整传承。本书的这一优点，还可以很好地解决施工中的大样图绘制问题，并为设计人员的详图设计提供了依据。

综上可以看出，本书可说是在前人劳动的基础上，对传统木装修技术进行的一次"深耕细作"。天佑勤者，有了汤先生如此的辛勤劳作，"丰收增产"也就是必然的了。

另外，本书的榫卯一章也颇具特色，除了一如其他章节的内容详尽外，汤先生还特地制作了教学模型，采用了模型与实物展示结合的方法，其效果既清晰又真实。

本书还特意整理编入了与传统建筑有关的现代木材知识，在木材的识别、木材的性质认识、木材的挑选等方面，引入了现代木材学的科学方法。在传统经验与现代方法相结合方面，做了一次有益的尝试，解决了不少实际问题。例如很多人做木装修前可能会问，1立方米板枋材需要用多少立方米的原木？像这些很实际的问题都可以在这部分内容中找到答案。

作为汤先生的朋友，在祝贺本书将要出版的时候，心中已在盼望着能早日看到汤先生另外一本木作书的内容了！

刘大可
2017 年 12 月

前言

《中国传统建筑木作知识入门——传统建筑基本知识及北京地区清官式建筑木结构、斗栱知识》出版已有一年多的时间了，该书得到了同行及业内专家的初步首肯，特别是对于初学者和工匠，普遍反映是"实用"，与本人的初衷相吻合，非常欣慰！与这本书相配套，2017年本人又开始撰写了这本关于木装修、榫卯、木材的木作知识入门书。

本书的编写意愿是十多年前在"文物建筑修缮技术培训中心"讲授木作知识时就已萌发，但一是由于本人感觉自己积累得还不够、底气不足，二是有马炳坚老师的《中国古建筑木作营造技术》这本经典著作在前，主要观点、做法和传承已经诠释得明明白白，所以就没有贸然动笔。随着本人近年来参与了中国装饰协会、住房和城乡建设部以及国家文物局分别主编的几部相关规程、规范的编写，逐渐有了经验和自信，再加上授课时接触到众多同行，了解到了他们的现状和现实需求，才觉得可以动笔了。

本人的文化水平不高，对于中国博大精深的古建筑文化知识只是略知一二，但四十余年施工一线的实操、管理经验也使本人有了自己的心得。而在当今，文物建筑的保护、维修和仿古建筑的兴建都急需大批的专业人才，懂理论的人才需要，懂工程的人才也需要，特别是更需要懂操作、会操作的工匠！所以本人对本书的定位是在马炳坚老师《中国古建筑木作营造技术》这本经典著作的基础上，从工匠角度对木作技术进行更为详尽细致的讲解。用句形象的话说就是"在整数字后面加上小数点"，并配上了大量的实物、实景照片来"看图说话"，力求以最浅显的语言、最通俗的文字来帮助、点拨古建行当中的初学者和工匠，让他们少走弯路。

本人是个木匠，经历了十余年的"锛凿斧锯"，没能坚持到如今也是工作安排使然，但值得欣慰的是本人后来所从事过的技术管理、设计、工程管理等都没有离开古建行当，至今已四十余年，可谓为之奋斗了一辈子！虽然本人现在已经退居幕后，更无可能亲执斧锯收徒授业，只有将自己一辈子的学业心得整理出来，为读者在古建知识学习的过程中提供一些方便，也是给家人、自己一个交待。

《中国传统建筑木作知识入门——传统建筑基本知识及北京地区清官式建筑木结构、斗栱知识》和本书在请马炳坚老师和刘大可老师审改时，他们没有一丝一毫的敷衍，逐页、逐行、逐字地进行评点、审改，指正电话一打就是半个多小时，并在审改稿上留下了密密麻麻修改意见……这一幕令我终生难忘！

本书的出版，要感谢的人很多。首先要感谢马炳坚老师、刘大可老师、王希富老师、李永革老师、程万里老师、金荣川老师及已故去的原"房二古建队"张海青、王德宸、孙永林大师和故宫赵崇茂、戴季秋大师的知识传授！感谢已故去的师父张平安及原"房二古建队"闫普杰（已故）、林伟生、董均亭、张曦忠（已故）、陈宝祥等师傅的技艺传授。感谢故宫工程管理处、故宫修缮技艺中心领导及工作人员提供的各类帮助。感谢人力资源和社会保障部教育培训中心张蓉芳主任和工作人员闫霓、马靖，是他们提供了"哲匠之家"这个平台，使我结识了四面八方的同行、老师、企业家，获益良多。感谢师弟相炳哲、甄智勇、王建平和好友万彩林、祝小明、蔡焕初、田胜、陈来宝、赵凤新、陈海流、郝明合在编写过程中给予的各种帮助、指正。感谢弟子周彬和同事李影、郭美婷、刘虹、王忠友、沈鹏扶、崔志强……是他们提供的照片让本书更加丰满！感谢同事刘永胜、董丽娜、周彬还有我的团队，是他们的鼎力相助加快了本书成稿进度。另外还要感谢郭美婷、文宇、顾准、吴世昌在本书文字编写、图片整理上的帮助、修改及指导。最后要感谢化学工业出版社的重视和编辑、校对、审稿等工作人员细致、认真、高效的工作，使本书能尽快并相对完美地呈现给了读者。

本书在编写中难免有笔误和表述不清的地方，希望广大读者能一如既往地提出指正意见，在这里一并向大家致谢！衷心希望本书能在中国传统建筑技术的传承中增添一份来自于工匠的贡献！

二零一七年十二月

目录

第一章　中国传统木构建筑木装修的基础知识　　1

第一节　木装修的起源、发展与演变 / 2
第二节　木装修的功能与作用 / 4
第三节　木装修的特点 / 5
第四节　木装修的种类与使用部位 / 10
第五节　制作、安装工艺及技术要点 / 15
第六节　传统门窗的五金件 / 92

第二章　中国传统木构建筑榫卯的基础知识　　105

第一节　结构榫卯 / 106
第二节　斗栱榫卯 / 158
第三节　装修榫卯 / 166

第三章　中国传统木构建筑用材的基础知识　　197

第一节　木材的特性 / 198
第二节　常用木材的分类、品种与应用 / 198
第三节　常用木材的识别 / 201

第四节　木材的构造和性质 / 218

第五节　木材的缺陷（疵病）种类 / 231

第六节　木材的后期处理 / 235

第七节　传统建筑中的木材常用标准 / 238

第八节　木材的选材、加工和保管 / 247

第九节　传统建筑中各类木构件对缺陷（疵病）的指标要求 / 250

第十节　中外传统建筑中关于木材的对比和思考 / 257

参考文献　**264**

第一章
中国传统木构建筑木装修的基础知识

在中国传统木构建筑中，木装修自成体系，与它相关的制作、安装等工作都被归纳进"小木作"的范围，本章以北京地区清官式建筑为主辅以地方建筑类似做法为例讲解中国传统建筑木装修的基础知识。

第一节　木装修的起源、发展与演变

在传统建筑中，"木装修"的提法较为笼统，它其实涵盖了门窗、天花、花罩等各式为建筑主体配套的功能性构件。只要一提到"木装修"，大多数人首先想到的就是建筑中的门与窗，所以，本节主要以门窗来做简单的叙述。

在我国大陆地区目前有实物留存、年代最早的建筑就是唐代的南禅寺，唐代以前的建筑只是在出土的石刻像及陶器刻像上有所展现，而石刻像和陶器刻像中的门窗也能说明建筑与装修的一体性、密不可分性，所以说木装修的起源年代与传统木构房屋的起源年代应该是大致相当的。

在这些石刻像中我们可以看出，西汉时期至唐代的千余年木装修的式样比较简单，基本上没什么太大的变化，门主要是单或双扇板门，窗则主要是直棂窗（破子棂窗）；唐末至五代时期，出现了格子门，也就是现在的隔扇；到了辽、宋、金、元代，有了横披窗、槛窗等的组合，有了双腰串——四抹隔扇，单腰串——三抹隔扇等做法定制，有了四斜毬纹格眼、四直方格眼、斜方格眼、龟背纹、十字纹等多种门窗格心的花纹式样。从明到清，门窗装修及室内其他装修的功能更加全面，分类愈加细化，花纹式样更为复杂，做工更为精细，用材更为考究。也就有了这样的理解：随着建筑技术、艺术的发展，随着社会的不断进步，人们生活得愈加富足，人们的审美水平、观念和对美的要求也在不断地变化，反映在木装修上则出现了棂条图案由简渐繁，做工由粗糙变精细，雕刻由少变多，色彩由单调变艳丽……特别是在清代，又将书法、绘画，以及刺绣、镶嵌等技艺融入装修中，同时又赋予了各种装修图案美好寓意，使木装修同时呈现出绚丽的艺术色彩和人文色彩。详见图1-1～图1-8。

（a）　　　　　　　　　　　　　　　（b）

图1-1　东汉陶器、石刻像中的装修门窗

 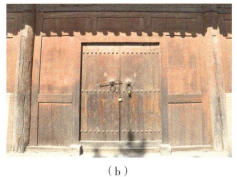

图1-2　唐代木装修：板门、直棂窗（破子棂窗）

图1-3　唐代木装修：直棂窗（破子棂窗）　　图1-4　辽、宋、金、元木装修：双腰串（四抹隔扇）

图1-5　辽、宋、金、元木装修：单腰串（三抹隔扇）　　图1-6　明、清木装修：带帘架隔扇

图1-7　明、清木装修：大门、隔扇

 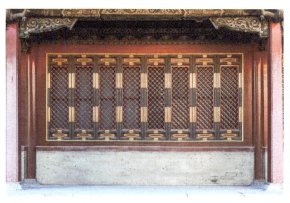 

(a)   (b)   (c)

图 1-8　明、清木装修：碧纱橱、槛窗、支摘窗

第二节　木装修的功能与作用

中国的传统建筑是由多部分组合而构成的，包括建筑主体、院落环境、景观绿化……而同样一个建筑主体也是由多部分组合而构成的，木装修就是其中的构成之一。在单体建筑中，木装修所起的作用虽不及台基、殿身（木构架）和屋顶这三部分那么重要，但如果没有木装修，房屋就无法正常地居住。试想：没有门窗的房子如何遮风挡雨？如何保暖挡寒？如何防贼拒盗？所以说在中国传统建筑中木装修是一个不可或缺的组成部分，它的构成极大地完善了建筑的使用和居住功能，妆点出美感，彰显出等级，让房屋得以名副其实！

木装修的具体功能与作用如下。

（1）分隔室内外空间。

（2）分隔室内使用空间（中堂、起居室、书房、卧室等）。

（3）采光。老做法是窗棂上糊纸，后逐渐让位于玻璃。

（4）通风。冷（纱）布、金属窗纱的使用，门、窗扇的开启及支摘窗的支起、摘除都保证了建筑物的通风。

（5）保温。安装门窗帘架，通过棉门帘、窗帘进行室内保温。

（6）防护。通过门（窗）闩、横闩、门杠、五金铜件等使门窗封闭，从而起到防护的作用。

（7）装饰。成百上千精美的雕刻图案和千差万别的棂条造型给传统建筑赋予了极深厚极富想象力的文化内涵和极美极灵动的美感。

图 1-9 展示了木装修的功能与作用。

图 1-9 木装修的功能与作用

第三节　木装修的特点

一、装饰性——装修式样及棂心图案的多样化

　　木装修式样的选择（如隔扇、槛窗、支摘窗，还有落地花罩、栏杆罩、圆光罩等）都是根据房屋的等级、主人的喜好及使用功能做出的。通过构件中的心板雕刻和棂条造型中的戏文情节、人物典故、吉祥灵兽、奇珍花草和福字、寿字、万字、盘长、龟背、回纹（寓意长寿、长久）、步步锦（寓意步步高）、灯笼框这些极富吉祥寓意的图案把主人自己对美好生活的向往、祈愿展现在其中，既体现了房屋主人的艺术修养，又把古代匠人们的聪明才智、精巧技艺淋漓尽致地施展出来，给予了人们一个既充满文化内涵又赏心悦目的生活环境，为我们留下来一份宝贵的文化遗产。图 1-10～图 1-49 是各式各样的棂心。

图 1-10　直棂纹　　图 1-11　正方格（正搭正交、豆腐块）　　图 1-12　斜方格（正搭斜交）　　图 1-13　菱形格（斜搭斜交）　　图 1-14　码三箭　　图 1-15　龟背锦

第二章 中国传统木构建筑榫卯的基础知识

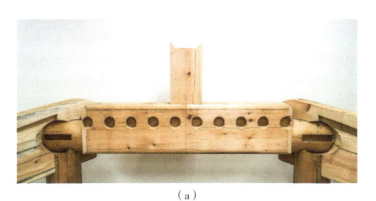

（a）

（b）

（c）

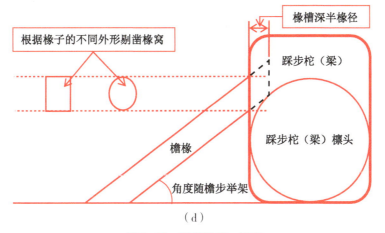

（d）

图 2-89 梁类榫卯：椽窝

注：图（a）中踩步枙（梁）头做法属个例，仅供参考。

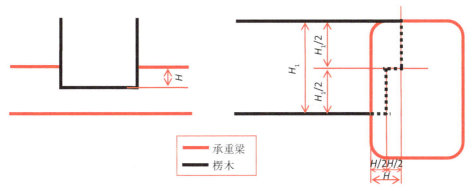

（a）承重梁与楞木榫卯相接平面示意　　（b）承重梁与楞木榫卯相接立面示意

图 2-90 梁类榫卯：楞木卯口

H—承重梁厚 1/4 ~ 1/5；H_1—楞木高

145

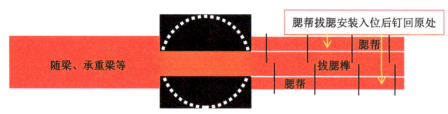

图 2-91　随梁、承重梁等与方、圆柱拔腮榫榫接平面示意

（28）柁（檩）头十字卡腰榫卯。用于踩步金柁（檩）头与檩相交部位，如图 2-92、图 2-93 所示。

尺寸：榫卯依搭接角度按檩径在柁（檩）头侧面四角向内返刻去卯口，卯口两面各深 1/4 檩径，高同檩径；柁（檩）头中心留榫部分分等、盖口，按中刻半，等口柁（檩）头上面刻去卯口，盖口桁（檩）上面留榫搭交。

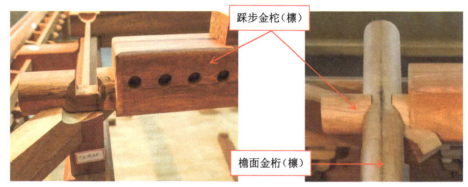

图 2-92　梁类榫卯：柁（檩）头十字卡腰榫卯

（a）踩步金柁（檩）头十字卡腰榫卯侧立面示意　　　（b）平面示意

图 2-93　梁类榫卯：踩步金柁（檩）

D—桁（檩）径

（29）实（平）肩。用于梁头与沿边木，帽儿梁、贴梁与天花支条等榫肩满撞的部位，详见图 2-52。

（30）抱肩。用于梁与圆柱、梁、方柱、柁墩等构件的相接部位。梁榫头两侧部分为榫肩，与圆柱相接的榫肩起点按"收溜"柱径上下不等；榫肩分 3 份，与圆柱相接的里侧 1/3 按圆柱上下段圆径向前做内圆撞肩；与梁、方柱、柁墩相接的里侧 1/3 做实（平）肩；外侧 2/3 由此点向外、后侧裹圆做外圆回肩，回肩参见图 2-48。

（31）擔梁挂柱卯口。用于擔梁与垂莲柱连接部位，如图 2-94 所示。卯口外形、尺寸同垂莲柱燕尾挂榫。垂莲柱安装后，用同燕尾挂榫外形、尺寸的木枋堵严擔梁卯口空余部分。

（32）角云（花梁头）头饰。用于角柱柱头部位，当用于非角柱部位时称花梁头或麻叶抱头梁等，如图 2-95、图 2-96 所示。

第二章 中国传统木构建筑榫卯的基础知识

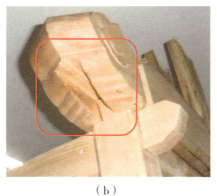

（a）　　　　　　　　　　　（b）　　　　　　　　　　　（c）

图 2-94　梁类榫卯：担梁挂柱燕尾卯口

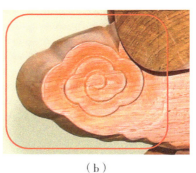

（a）　　　　　　　　　　　　　　　　（b）

图 2-95　梁类榫卯：角云（花梁头）头饰（一）

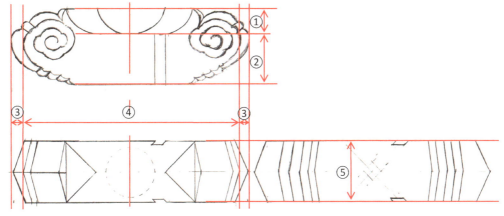

（a）角云俯视平面　　　　　　　　　　（b）角云仰视平面

图 2-96　梁类榫卯：角云（花梁头）头饰（二）

① 1/2 檩径；② 垫板高；③ 起峰 1/5 角云厚；④ 3 檩径 × 加斜系数；⑤ 1.1～1.2 倍柱径

注：1. 本图所示为角云头饰划线方法，花梁头头饰划法除长度略有不同外，其余同此划线方法。
　　2. 角云（花梁头）划法另有"三弯九转"划法，本图仅为诸多划线方法其中之一，供参考。

147

3. 常见枋类榫卯

（1）大进小出榫。用于穿插枋与柱连接部位。

榫头尺寸：透（大进小出）榫头厚：圆柱通常为 1/4 柱径或 1/3 枋厚，方柱通常为 1/4 ~ 3/10 柱径；榫头大进部分高按枋全高，长至柱中；小出部分高按枋 1/2 高，长按本身柱径（含半柱径出头）或 1/2 本身柱径另加 1/2 枋高（出头部分见方）。单直大进小出榫卯见图 2-97。

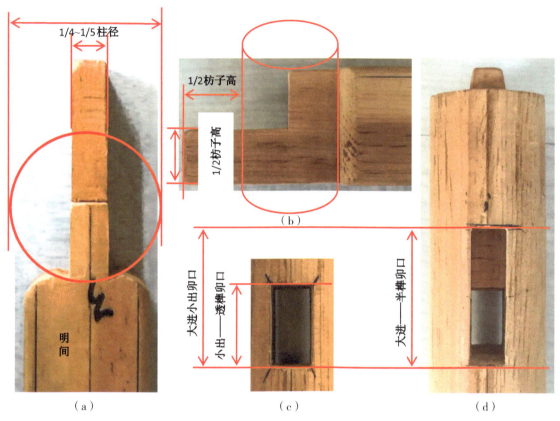

图 2-97　枋类榫卯：单直大进小出榫卯

（2）燕尾榫。用于枋子与柱子相连接的部位。

榫头尺寸：燕尾榫头上端头部宽为柱径的 1/4 ~ 3/10，下端根部按头部宽 1/10 各向两侧收"乍"，榫头长同榫头上端头部宽；枋子榫头下端除长同上端外，榫宽由上端榫两侧各按 1/10 向内收"溜"；榫头高同枋子高。带袖肩燕尾榫其袖肩部分长按 1/8 柱径，宽按榫头上端头部宽，高同榫头高。详见图 2-47、图 2-48。

（3）半榫。用于承椽枋、围脊枋、间枋、棋枋、门头枋与柱连接部位。

榫头尺寸：圆柱通常厚为 1/4 柱径或 1/3 枋厚，方柱通常为 1/4 ~ 3/10 柱径；榫头高按枋全高，长至柱中。详见图 2-49、图 2-50。

（4）箍头榫。用于额（檐、金）枋与角檐柱、角金柱相连接的部位。

尺寸：箍头榫宽为 1/4 ~ 1/3 柱径；高分里、外口，以相交枋子箍头榫里皮为界，以里部分为里口，高按枋子全高；以外部分为外口，高按枋子高 4/5；按此高度相交箍头枋上下各分别做刻口（即等、盖口），刻深一半，刻口宽同榫厚尺寸。详见图 2-38、图 2-39。

（5）十字刻半卡腰榫。用于平板枋与枋之间的相互连接上。

尺寸：刻口深为平板枋厚的 1/2，宽（长）按平板枋宽（长）尺寸在两侧向内各做枋宽 1/10 的"隔角袖肩",所余的4/5枋宽即为刻口的宽（长）。详见图2-98。

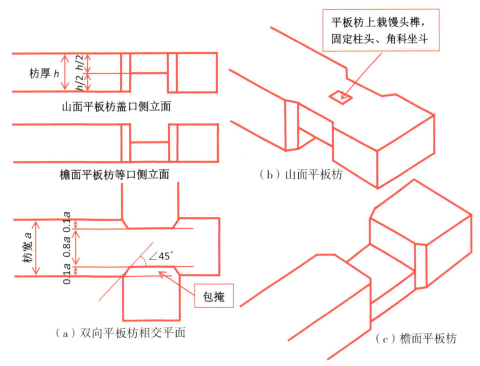

图2-98 枋类榫卯：十字刻半卡腰榫

（6）实（平）肩。用于枋子与梁、方柱、柁墩相接撞肩部位。

（7）抱肩。用于枋子与柱、梁、柁墩等构件的连接部位。

尺寸：枋子榫头两侧部分为榫肩，榫肩起点按"收溜"柱径上下不等；榫肩分三份，里侧1/3按圆柱上下段圆径向前做内圆撞肩；与梁、方柱、柁墩相接的里侧1/3做实（平）肩；外侧2/3由此点向外、后侧裹圆做外圆回肩，回肩见方。详见图2-48。

（8）销子卯口。用于枋子与板、与枋之间的迭压连接部位。

尺寸：销子卯口通常宽20～30mm，长50mm左右，深30～40mm。详见图2-83。

（9）椽椀（窝）。用于承椽枋与椽子连接部位，椽椀根据加斜后的椽径及角度在承椽枋向外一侧剔出椭圆形或长方形椽窝，椽窝下口应随椽子的角度剔平并与椽附实。

尺寸：椽椀宽随椽径，高按椽径加斜后的尺寸；深约1寸（32mm）。详见图2-89、图2-99。

（a）

（b）

图2-99 枋类榫卯：椽槽（窝）

（10）滚（裹）棱。用于枋身四角边棱部位。

尺寸：按枋子各面宽 1/10 起止刮刨出圆棱。详见图 2-56。

4. 常见檩（桁）类榫卯

（1）燕尾榫。用于檩与檩之间的连接。

榫头尺寸：燕尾榫端头宽为檩（桁）本身直径的 3/10，榫根部按榫头宽 1/10 各向两内侧收"乍"，榫长同榫端头宽，榫高按部位不同分别做梁头刻半榫或脊檩（桁）通榫。详见图 2-47、图 2-48、图 2-100。

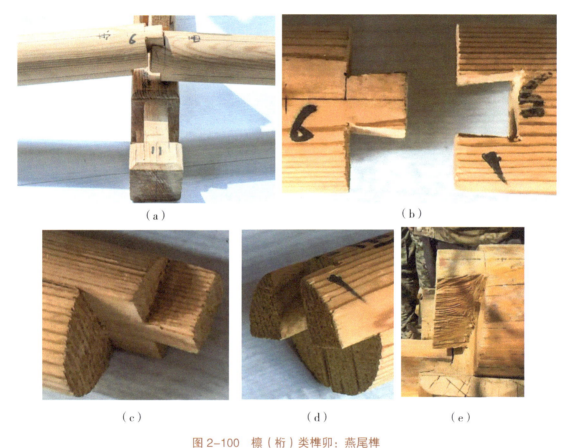

图 2-100　檩（桁）类榫卯：燕尾榫

图（a）~图（d）为梁头刻半燕尾榫；图（e）为通脊檩燕尾榫

（2）十字卡腰榫。用于檩（桁）与檩（桁）之间交叉相交部位，如图 2-101、图 2-102 所示。由三部分组成。

①割角刻口。两檩（桁）外皮相交点交叉连线，呈割角状，刻口深（宽）各 1/4 檩（桁）径，高按檩（桁）径。

②等口刻口。刻口坐于轴线中，刻口长（宽）、厚 1/2 檩（桁）径，高同宽。

③盖口榫。留榫部分尺寸同等口刻口部分。十字卡腰榫等、盖刻口的上下设制根据檩（桁）所处山、檐面的不同分别设置，等口檩（桁）是刻口在上，留榫在下；盖口檩（桁）是留榫在上，刻口在下。

檩（桁）的金盘根据檩（桁）上下是否有叠压构件而定：有叠压构件的必须有金盘，无叠压构件的可以取消金盘。

(a) 檩（桁）十字卡腰榫

(b) 正角度十字搭交檩（桁）　　　（c) 多角度十字搭交檩（桁）

图 2-101　檩（桁）类榫卯：十字卡腰榫（一）

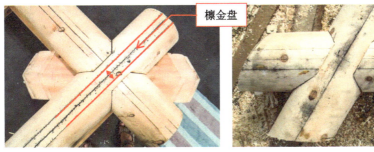

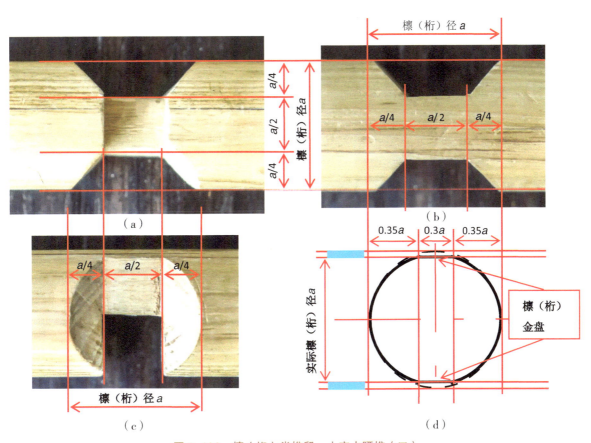

图 2-102　檩（桁）类榫卯：十字卡腰榫（二）

注：图（d）中 ▇ 檩（桁）金盘砍刮部分，高约为檩（桁）5%，俗称"泡"。

（3）趴（抹角）梁（阶梯）卯口。用于檩（桁）与趴梁（抹角梁）相接部位。

尺寸做法：与梁相接部位的趴梁卯口做成三层阶梯形状，第一层趴梁榫入檩（桁）刻口长度为

151

檩半径1/4，高同长；第二层刻口长、高同第一层；第三层可做直卯口也可做燕尾卯口，长、高可同第一、二层，也可略长，但不得长过檩（桁）中。各层直卯口宽1/2～4/5趴梁（抹角梁）厚（宽），燕尾卯口尺寸同燕尾榫头尺寸。详见图2-85～图2-87。

（4）小鼻子卯（刻）口。用于檩与边柁（梁）和檩（桁）与有檩（桁）椀作法的角梁相接部位。

檩（桁）与边柁（梁）相接部位：卯（刻）口高自檩（桁）底皮上返1/5檩（桁）径；卯（刻）口宽同高；卯（刻）口长以深定。详见图2-40。

（5）角梁槽齿卯（闸口）口。用于檩（桁）与角梁相接部位。

①带檩（桁）椀槽齿（闸口）榫。角梁由挑檐檩（桁）或檐（正心）檩（桁）老中向下引线，与角梁下皮相交一点，此点向前为檩（桁）条保留部分，向后，为卯（刻）口部分。小鼻子卯（刻）口宽为角梁宽的1/2，深随角梁鼻子榫高。详见图2-65。

②不带檩（桁）椀槽齿卯（闸口）口榫。角梁由挑檐桁（檩）或正心（檐）桁（檩）平面老中垂直向上引线，与角梁下皮相交一点，此点向前为檩椀刻去部分，向后，为保留部分。槽齿（闸口）榫宽即角梁宽，自角梁下皮按七至八分（20～25mm）定榫高。详见图2-66。

（6）销子卯口——用于檩（桁）与垫板之间的连接。卯口厚15～20mm，宽约50mm，长20～30mm。详见图2-83。

5. 常见板类榫卯

（1）企口榫。用于顺望板、滴珠板、山花板、走马板等，详见图2-103。

板两侧分别配制等、盖口榫，以便依次安装。

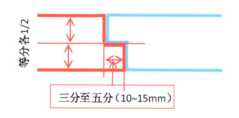

（a）企口榫示意　　　　　　（b）企口榫断面示意

图2-103　板类榫卯：企口榫

（2）柳叶缝。用于横望板等，详见图2-104。

板两侧同方向按45°～60°刮刨出斜面。

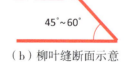

（a）望板柳叶缝示意　　　　　　（b）柳叶缝断面示意

图2-104　板类榫卯：柳叶缝

（3）龙凤榫。用于博缝板、实榻大门门板等。

板两侧分别做出榫头、卯口，做法详见图2-105、图2-106。

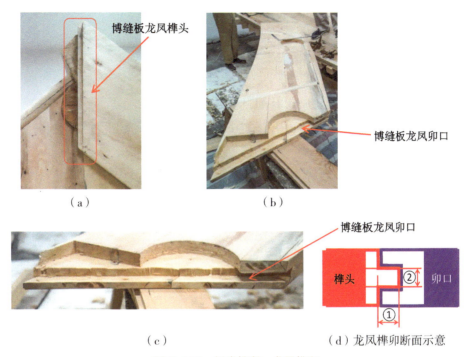

图 2-105　板类榫卯：龙凤榫卯

注：①榫头长六至八分（18～25mm）；②榫头厚四分至一寸（12～30mm）。

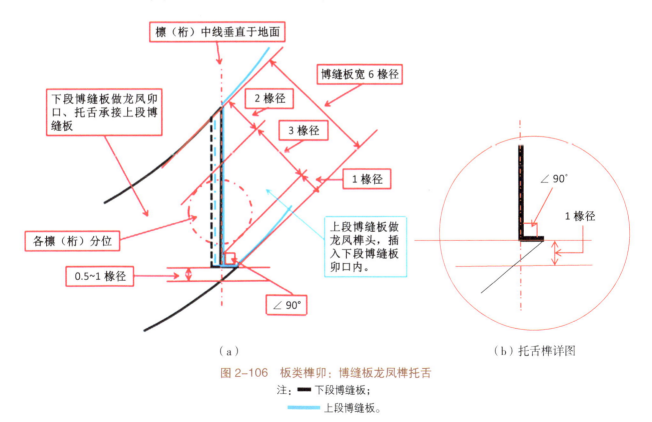

图 2-106　板类榫卯：博缝板龙凤榫托舌

注：━━ 下段博缝板；
　　━━ 上段博缝板。

（4）头缝榫。用于攒边门门板、活动门窗扇安装。头缝榫卯见图2-107。

榫厚四至六分（13～20mm），长约四分（13mm）；活动扇上端榫长双倍于下榫。

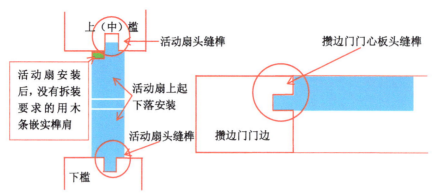

（a）活动扇门窗头缝榫断面　　　　（b）攒边门门边头缝榫断面示意

图 2-107　板类榫卯：头缝榫

（5）抄手榫（带）。用于榻板、坐凳面、挂落（檐）板、博缝板、门板等制作。各种抄手榫（带）见图 2-108～图 2-113。

（a）　　　　　　　　　　　　　　　　（b）

图 2-108　撒带门门心板穿带抄手榫

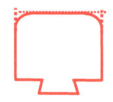

图 2-109　撒带门、攒边门门心板穿带（抄手）榫断面示意
注：虚线所示为攒边门穿带抄手榫。

图 2-110　板类榫卯：穿带（抄手）榫
——门心板穿带（抄手）榫卯

抄手榫（穿带）另一端用同种材质木料顺纹做出"堵头"补严并留出"顶头缝"，缝宽通常为一分至二分，做地仗前用弹性材料嵌严

（a）

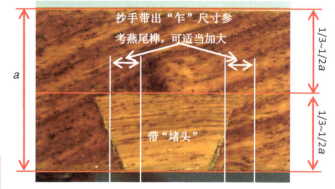

（b）

(c)

图 2-111 板类榫卯：抄手榫（带）——榻板抄平榫（穿带）

(a) 坠山花板抄手榫（带）示意

(b) 博缝板抄手榫（带）

(c) 博缝板抄手榫（带）

图 2-112 板类榫卯：抄手榫（带）——山花、博缝板抄平榫（穿带）

(a) 匾额正面无接缝封边带

(b) 匾额背面抄手榫（八字形穿带）、封边带

(c) 匾额背面抄手榫（八字形穿带）端头"顶头缝"及顺纹同材嵌补

图 2-113

155

(d)

图 2-113　板类榫卯：抄手榫（穿带）——硬木匾额抄手榫（穿带）、封边带示意

注：图（d）中匾额封边带做法示意：（1）与正面板割角相交，板面不见接缝；（2）封边带与边抹单直透榫固定。

①门板（实榻大门用）抄手榫（带）。根据门钉数量、位置确定抄手带的数量、位置；抄手带做出"溜（大小头）"，呈楔形，双向对穿；厚度为1/3门板厚，宽度2寸（60mm）左右，可根据门扇的尺寸做调整。

②门心板（攒边、撒带门用）抄手榫（带）。根据大门穿带分当的要求确定穿带数量，穿带榫尺寸，要求做出"溜（大小头）"，尺寸在2～4分（6～15mm）之间，可根据实际情况酌定。

③其他各板抄手榫（穿带）。根据拼接板的宽度、拼接块数及使用要求确定单、或双向穿带。通常独板单向穿带即可，多块板拼接则需要双向对穿即：抄手带大小头相邻调向并呈"八字"形布置。穿带板如有不露"立荏"的要求，可在端头用同种材质木料顺纹做出"堵头"补严，同时留出"顶头缝"，缝宽通常为1～2分（3～6mm），做地仗之前用弹性材料或玻璃胶嵌严。

（6）银锭榫卯（扣）。用于各类板拼（接）缝部位的加强连接，见图2-114。

尺寸：银锭榫卯（扣）长度和厚度根据所用部位及板厚酌情定，榫头出"乍"尺寸参考燕尾榫。

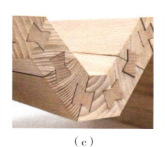

（a）　　　　（b）　　　　（c）　　　　（d）

图 2-114　板类榫卯：银锭榫卯

（7）齿接榫卯。是板类的新型拼接方式，可用于走马板及板面不做雕刻的门心板、绦环板等，见图2-115。

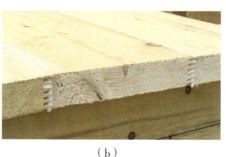

（a）　　　　　　　　　　（b）

图 2-115　板类榫卯：齿接榫卯

注：此榫卯为现代新工艺，需要用胶并需要加压，仅作参考。

（c） （d）

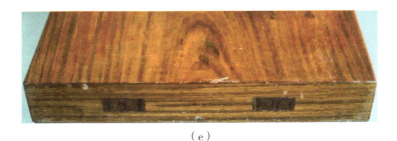

（e）

图 2-179　匾额面（隔、心）板封边榫做法（二）

注：图（c）、（d）、（e）中板看面：端头做割（斜）角肩与封边带割（斜）角肩对接；

封边带：两端头同样做割（斜）角肩与板端头割（斜）角肩对接，四面不露立茬。

③博古架面（隔、心）板榫做法

a. 做法 1：用于博古架隔板对接部位——采用燕尾明榫直肩做法。详见图 2-155。

b. 做法 2：用于博古架隔板对接部位——采用燕尾明榫割（斜）角肩做法。详见图 2-155。

c. 做法 3：用于博古架隔板对接部位——采用燕尾暗榫割（斜）角肩做法。详见图 2-156、图 2-157。

四、榫卯实例

本书前面按类别介绍了一些较为典型的常用榫卯，在实际当中我们所见到的榫卯要远多于此，为增加一些知识点，也为带来一些方便，现整理出一部分有特色的榫卯实例加上一些自己的见解来供参考借鉴，希望能对大家有所帮助。需要说明的是这些榫卯实例多为地方做法，在清官式建筑中很少使用，仅作参考。

1. 榫卯实例 1：柱、枋榫卯——源于《营造法式》中"箫眼穿串"的榫卯

图 2-180 中展示的这种榫卯固定方式与宋《营造法式》中记载的"箫眼穿串"方法相同，这种方式是枋、梁与柱子榫卯相互连接后再使用"销钉"将其锁定，以起到将各不同方向的木构件组合成一个相对稳固整体的作用。

单从"销钉"看，它与清官式大木榫卯做法中"卡口"的固定功能近似，但由于"销钉"的锁定功能更为直接，所以，在实际当中就采用了强度更高、韧性更好并经过特殊处理（大约是桐油浸泡）的某种木材（笔者未能做更深一步的确认）来满足这个功能的需要，尽管如此，由于本身的材质和直径所限再加上因木材干缩造成脱落及裸露表面影响美观的风险，"销钉"还是会成为这种榫卯连接方式中的一个弱项。

《营造法式》中的榫卯——"箫眼穿串"

（a）　　　　　　　　　　　　　　　（b）

（c）　　　　　　　　　　　　　　　（d）

（e）　　　　　　　　　　　　　　　（f）

（g）　　　　（h）　　　　（i）

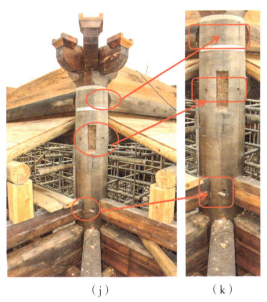

(j)　　　　　　　(k)

图 2-180　榫卯实例 1——源于《营造法式》的榫卯

2. 榫卯实例 2——阑额（额枋）榫卯

如图 2-181、图 2-182 所示，在同一组建筑中，阑额（额枋）与柱子的连接榫卯与宋《营造法式》中的做法有所不同，它没有使用燕尾榫而是使用直榫，导致柱与额（枋）之间无拉结，这从构造上讲是不合理的，但它采用了一种用分体的燕尾长榫来固定柱子及两侧阑额（额枋）的补充加固方法，加上配套使用的"箫眼穿串"的榫卯连接方法这就保证了阑额（额枋）与柱子的牢固连接同时因阑额（额枋）榫根部断面增加（相对燕尾榫而言）即榫卯的强度也有了增加，所以这也是一种值得借鉴的榫卯连接方式，只是在做法上较燕尾榫稍显复杂。

（a）使用单直半榫的阑额（额枋）

（b）分体反燕尾长榫样板

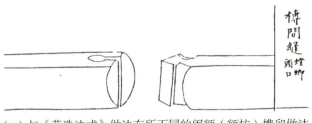
（c）与《营造法式》做法有所不同的阑额（额枋）榫卯做法

（d）阑额（额枋）上的分体反燕尾长榫卯口

图 2-181

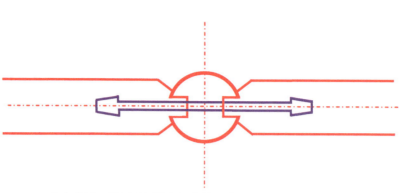

（e）　　　　　　　（f）柱子、阑额（额枋）与分体反燕尾长榫的平面位置

图2-181　榫卯实例2——阑额（额枋）榫卯（一）

图2-182　榫卯实例2——阑额（额枋）榫卯（二）

3. 榫卯实例3——单、双步梁榫卯

通常情况下，单、双步梁等同尺寸构件接尾对接时我们都是做单直半透榫，这种榫最大的不足是两个对接构件之间没有拉结，不能形成一个整体，详见图2-183。

在图2-184、图2-185所示的照片中，虽然同样是单直半透榫，但是在构件上面，加做一个燕尾榫卯，这样两构件之间就有了拉结，就能形成一个整体，的确是一种不错的办法，只是由于榫头突兀，在运输搬运中容易受到损伤。再有，这种做法增加了榫的长度，或多或少地会在用料上增加一些费用，可斟酌使用。

在单、双步梁的对接中，还有一种做法既能起到拉结作用又能相对省料还能做到与历代大木做法有序传承，这个做法就是在对接的梁架下方加装"替木"（详见图2-186），替木本身能减轻梁头榫卯的剪切力，又通过在替木上安装的销子榫将分体的两个梁拉结固定在一起，而且这种做法在宋《营造法式》中有明确记载，传承有序，所以建议在施工当中，如果不是有明确要求不允许使用替木时，尽量加装替木。

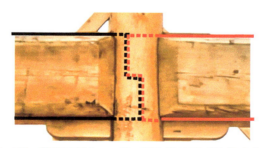

图2-183　榫卯实例3——单、双步梁接尾对接做法（一）

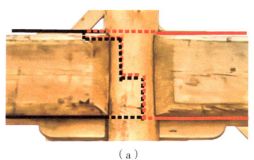  

图 2-184 榫卯实例 3——单、双步梁接尾对接做法（二）

  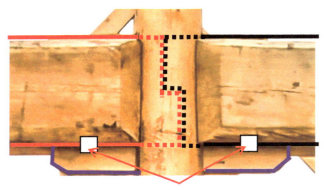

图 2-185 榫卯实例 3——单、双步梁榫卯　　图 2-186 榫卯实例 3——单、双步梁接尾对接做法（三）

4. 榫卯实例 4——檩枋带袖榫卯

如图 2-187 所示，此种榫卯做法不同于通常做法之处即檩枋整体做"袖"嵌入相交构件中。此种做法的优点就是榫肩"袖"入相交构件中，外表美观也就是通常木匠所说的"不露脏"；如果再在榫卯局部做出一些改动，那么受力会更为合理；还有，这种做法虽然会伤及相交构件的一些断面，但由于现在构件 3∶2 或 10∶8 的高宽比不合理，所以只要不是伤及到构件的高度是不会影响构件受力的。

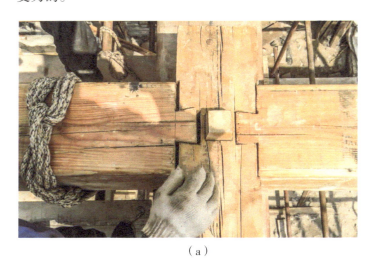  

图 2-187 榫卯实例 4——檩枋带袖榫卯（一）

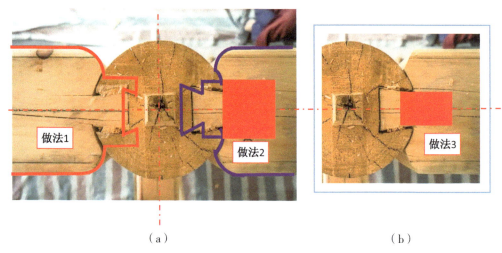

（a）　　　　　　　　　　　　　　　　（b）

图2-188　榫卯实例4——檩枋带袖榫卯（二）

图2-188中做法1是《营造法式》中的"镊口鼓卯"做法（详见图2-189），与常见的枋子榫头、柱子卯口相反，这种做法较为复杂，且枋与柱的拉结效果并不比做法2、3的拉结效果显著，故现今多不采用；较现在最常见的做法3来说，榫头与卯口的拉结效果虽然不差，但其榫根部位的断面（图2-188中涂 ━━ 部位）被伤及很多，使木构件的承重强度大打折扣；相比较起来，做法2就明显合理得多，同

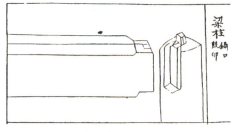

图2-189　《营造法式》上记载的梁、柱"镊口鼓卯"

样的枋子断面，基本相同的燕尾榫卯，只是在榫根部位加大了断面，这就使构件榫卯的抗剪能力大大加强，做法上也费不了太多的工，值得在施工实践中大力推广。

5. 榫卯实例5——角梁榫卯

图2-190（a）、（b）所示为角梁槽齿（闸口）榫，此种做法角梁仅做槽齿（闸口）榫，不做桁（檩）椀，较图2-190（c）、（d）做法更为合理，既保证了角梁的断面尺寸和强度，又防止了角梁的下滑错位，只是由于各朝代翼角起翘尺度、规矩的不同要求，在角梁、翼角椽、翘飞椽没能统一形成完整做法前不要轻易做改动。图2-190（e）、（f）是清官式做法，就角梁而言，特别是老角梁，其榫卯——桁（檩）椀伤及断面太多，严重影响到角梁的强度，虽然桁（檩）的断面没有伤及，但相比较而言，伤及角梁远比损伤桁（檩）的危害要大得多，所以在施工中应尽量采用桁（檩）椀做法（与现行的翼角放线规矩统一）与角梁槽齿（闸口）榫（最少伤及角梁）相结合的方法来保证结构的强度。

图 2-190 榫卯实例 5——角梁榫卯

6. 榫卯实例 6——檩（桁）燕尾榫卯

如图 2-191 所示，此种榫卯在官式做法中较为少见，其榫头的受力部位由于相对远地避开了构件易开裂的端头，所以应该说是较现在通常用的燕尾榫合理一些，只是如果长度尺寸与木材长度尺寸不合的话，会有一些浪费。

图 2-191 榫卯实例 6——檩（桁）燕尾榫卯

7. 榫卯实例 7——椽子榫卯

如图 2-192 所示，这种椽子榫卯对接的方法较为少见，相对本体建筑大木的做法，在椽子上做出这样的榫卯来对接，在用工上显得较为奢侈。从效果上看，比起通常采用的钉接方式也并无优势。

图 2-192 榫卯实例 7——椽子榫卯对接

8. 榫卯实例 8——普拍枋（平板枋）榫卯

图 2-193 是记录在宋《营造法式》中的用在普拍枋（平板枋）上面的"勾头搭掌"榫卯，由于做法较为复杂，且拉结的功能并不显著突出而逐渐地让位于后代更为简单直接的做法。

图 2-193 榫卯实例 8——普拍枋（平板枋）榫卯做法（一）

图 2-194 中普拍枋（平板枋）榫卯做法如下。两枋斜掌相交于柱头，斜掌端头做直肩；两枋按上下面分别做燕尾榫、燕尾卯；枋按柱中剔出或通透"海眼"，柱头"管脚榫"穿透普拍枋（平板枋）

以固定柱头"桶子大斗"或在普拍枋（平板枋）上剔凿半透口子栽柱头"管脚榫"。

图 2-195（a）中普拍枋（平板枋）榫卯做法如下。两枋平掌相交于柱头，平掌端头做直肩，可做或不做燕尾榫卯；枋按柱中剔出或通透"海眼"，柱头"管脚榫"穿透普拍枋（平板枋）以固定柱头"桶子大斗"或在普拍枋（平板枋）上剔凿半透口子栽柱头"管脚榫"。

图 2-195（b）中普拍枋（平板枋）榫卯做法如下。两枋平肩相交于柱中，分别做（或可不做）通透燕尾榫卯；在榫头上剔凿半透口子栽柱头"管脚榫"以固定柱头"桶子大斗"，不做通透燕尾榫卯不栽柱头"管脚榫"。

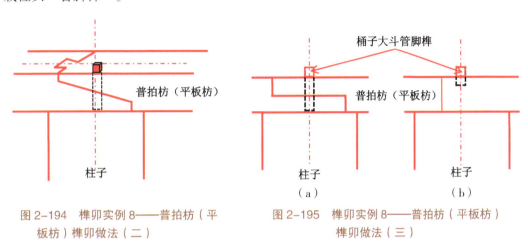

图 2-194 榫卯实例 8——普拍枋（平板枋）榫卯做法（二）

图 2-195 榫卯实例 8——普拍枋（平板枋）榫卯做法（三）

图 2-196 中普拍枋（平板枋）榫卯做法如下。两枋分别做反燕尾榫，直肩对接于柱中。为避开柱头上安装的构件卯口，将榫身加长，构造合理但用料略费一些。

图 2-196 榫卯实例 8——普拍枋（平板枋）榫卯做法（四）

9. 榫卯实例 9——斗栱榫卯

图 2-197（a）～（c）为清官式做法中柱头科斗栱桃尖梁上开间檩（桁）对接做法——开间檩（桁）与斗栱纵向构件桃尖梁之间没有拉结，只是刻半叠压在其上方，两开间檩（桁）之间采用燕尾榫完成拉结。图 2-197（d）为某建筑中斗栱柱头铺作纵向构件与开间檩（桁）之间的又一种对接做法——两开间檩（桁）之间没有相互拉结，而与纵向构件之间通过燕尾榫完成拉结。

以上两种檩（桁）连接方法各有千秋，供读者评判取舍。

图 2-198、图 2-199 是角科（转角铺作）斗栱采用的两种不同榫卯做法的对比图，图 2-198 是在一栋仿唐建筑中采用的，图 2-199 是清官式做法。

这两种做法最大的区别就是：图 2-198 做法的斜向构件不做刻半卡腰，其正向构件分为两段，做燕尾榫与斜向构件连接；而图 2-199 中的斜向构件与正向构件则分别被刻去 1/3。

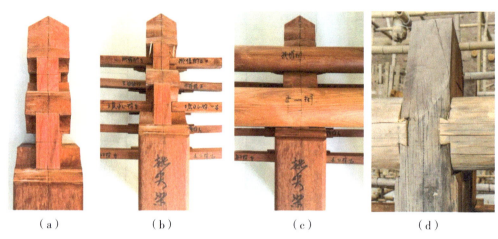

图 2-197 榫卯实例 9——斗栱榫卯：挑檐桁、正心桁榫卯

我们知道，在传统建筑中，翼角部分的出檐受力要远大于正身出檐，所以，图 2-198 中斜向构件的断面被伤及的最少，从受力的角度上讲，这种做法要优于清官式做法。

图 2-198 榫卯实例 9——斗栱榫卯：转角铺作刻口榫卯

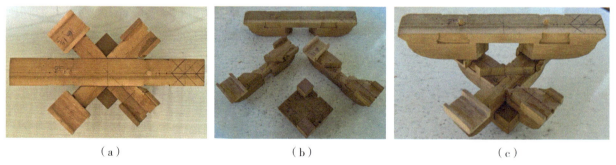

图 2-199 榫卯实例 9——斗栱榫卯：角科斗栱刻口榫卯

第三章
中国传统木构建筑用材的基础知识

木材取之于树木。树木是大自然赐予我们人类赖以生存的珍宝之一,除了净化空气、美化环境、向空气中输送水分及用火等多种功能外,它还给我们提供了大量的木材用于构建住所,遮风挡雨。

在前面的讲述中,我们知道了根据地理、气候、资源等诸多因素,决定了木材成为了我国传统建筑结构用材的首选,也是门窗装修及家具类用材的不二之选。

从仅存残损构件的浙江余姚河姆渡木构房屋遗迹算起,"构木为巢"在中国持续发展了七千余年,也辉煌了七千余年!虽然由于现代生活方式和需求的改变,纯木结构已渐渐地让位于混凝土结构、钢结构……但这七千年来我国劳动人民智慧的结晶是举世公认的,我们有责任、有义务来保护这些足以让我们的后世子孙引以为豪的故宫、天坛、南禅寺、独乐寺、应县木塔……这也是我们要学习和掌握木材知识的缘由之一。

续表

序号	树种	产地	容积重/(g/cm³) 气干	干缩/% 径向	干缩/% 弦向	顺纹压力极限强度/(kg/cm²)	静曲极限强度/(kg/cm²)	横纹压力(局部)公定极限强度/(kg/cm²) 径向	横纹压力(局部)公定极限强度/(kg/cm²) 弦向	顺纹剪力/(kg/cm²) 径面	顺纹剪力/(kg/cm²) 弦面	冲击弯曲比能量/(kg·m/cm³)	硬度/(kg/cm²) 径面	硬度/(kg/cm²) 弦面	硬度/(kg/cm²) 端面
74	核桃	陕西眉县	0.567	0.160	0.226	452	1013	143	106	122	133	0.472	468	504	630
		安徽亳州	0.686	0.191	0.291	473	1065	110	87	153	175	0.562	595	623	689
75	枫杨	安徽岳山	0.467	0.141	0.236	374	792	56	41	86	91	0.207	250	253	355
		湖南	0.386	0.139	0.209	273	553	—					167	175	240
76	青冈栎	安徽歙县	0.892	0.169	0.406	652	1480	178	133	171	208	0.564	1085	1087	1130
77	石栎	安徽歙县	0.652	0.113	0.322	568	1129	—				0.249	494	504	680
		浙江昌化	0.665	0.150	0.310	504	964	134	112	110	121	0.220	438	484	634
78	千金榆	东北	0.710	0.13	0.28	435	1060	—					560	560	705
79	拟赤杨	福建南靖	0.431	0.117	0.256	341	568	68	31	57	80	0.170	198	220	349
		江西武宁	0.435	0.119	0.280	277	641	47	26	68	92	0.243	186	200	284
		广东从化	0.469	0.156	0.284	370	668	51	24	53	72	0.268	195	213	341
80	大果山龙眼	广西	0.762	0.150	0.486	523	1072	—				0.430	575	578	813
81	鼠李	东北	0.640	0.08	0.28	545		—					515	500	705
82	黄连木	河南信阳	0.713	0.205	0.335	502	856	143	94	89	151	0.327	603	523	719
		安徽萧县	0.818	0.196	0.329	471	1136	103	79	159	177		847	895	933
		湖南	0.764	0.187	0.286	526	994	—					513	635	640
83	冬青	广西	0.785	0.176	0.271	529	992						591	597	698

注:1. 含水率15%。表内所列数据系分别摘录各有关资料。
2. 本表摘自《木材知识》,中国林学会主编,张景良编著。

第五节 木材的缺陷(疵病)种类

树木是在大自然环境中自然生长的,不可避免地要受到外来因素的影响,会因为分叉产生节疤;因为细菌造成腐朽;因为虫害形成虫蛀;因为生长环境恶劣带来树木的斜纹、拧丝……在传统建筑中常见的木材缺陷(疵病)有腐朽、虫蛀、节疤、裂缝、斜纹、髓心六种。

一、腐朽

空气当中散布着大量的真菌孢子,当树木的树皮被弄伤后,真菌便侵入伤口,发芽生长,由孢子变为菌丝。这时,木材的边材开始变为青色,称为青变(青皮)。这种由变色菌侵入而造成的变色一般来讲不会造成木材强度的降低，不影响使用。

真菌侵入木材内部，使木材结构逐渐变得松软脆弱，同时改变材色，这种现象称为腐朽。通常情况下这种腐朽呈现出的颜色分为两种。一种表面现出白色斑点，同时出现许多小蜂窝或筛孔，木质变得很松软，像海绵一样，用手去捏很容易剥落，俗语称为"蚂蚁蛸（扫）"。另一种木质表面呈现红褐色，表面有纵横交错的裂隙，用手搓捻，很容易碾成粉末，俗称"红糖包"。木材的腐朽见图3-63。

（a）木材边材青变　　　　　　　　　　　（b）木材白色　（c）木材褐
　　　　　　　　　　　　　　　　　　　　　腐朽——蚂蚁　色腐朽——
　　　　　　　　　　　　　　　　　　　　　蛸（亦读：臊）　红糖包

图3-63　木材的缺陷（疵病）——腐朽

在传统建筑用材的标准中，对"腐朽"的要求是最为严格的，只要有腐朽现象就不允许使用，这一点我们一定要注意。

二、虫蛀

木材在生长过程中常遭受到虫害的侵扰，这种虫害对木材的材质影响非常大，直接影响到木材在传统建筑中的使用。

虫害主要分为两种。一种是隐藏在树皮与木质部之间的小蠹虫造成的。这种小蠹虫只吃食木材表面组织，造成木材表面形成虫沟，但不会深入到木材深部，这样的虫蛀痕迹在锯、刨加工时会很容易去掉，也不会有蠹虫残留在木质内部，所以这种虫蛀不会影响木材的质量。另一种是天牛和吉丁虫的幼虫，它们钻进木材深处，专吃木质部。这两种害虫不仅隐藏在正在生长中的树木中，而且在砍伐加工后的成材料中也有隐藏，这对于木构架是一个极大的危害，所以选材时一定要仔细检查，杜绝有这种虫蛀现象的木材混入到成品构件中。虫蛀如图3-64所示。

（a）天牛成吉丁虫幼　（b）小蠹虫咬蚀木材　（c）白蚁蛀蚀的现状：表皮残留，　（d）白蚁蛀蚀的现状：表
　　虫咬蚀的虫眼　　　　形成的虫沟　　　　　　木质部分蛀空　　　　　　　　皮残留，木质部分蛀空

图3-64　木材的缺陷（疵病）——虫蛀

在木材的虫害中，还有一些诸如白蚁、番死虫、粉蛀虫等的害虫，特别以白蚁的危害为最大，它可以把木构件的内部吃空而外表完好。这在我国北方不太常见。

三、节疤

树木从一棵幼苗到成材，不断地从髓心生出小的枝桠，随着树干的逐渐加粗，生出的枝桠被包裹起来，在这个部位就形成了节疤。

节疤的形状大致分为三种：圆形节、条状节、掌状节，详见图3-65。

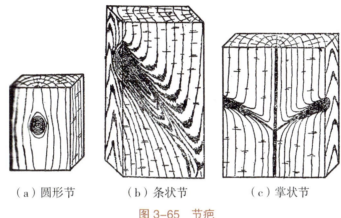

（a）圆形节　　（b）条状节　　（c）掌状节

图3-65　节疤

注：引自《木材知识》，中国林学会主编，张景良编著。

节疤的种类细分为三种：活节、死节、脱落节，其中，脱落节通常归于死节，所以节疤的种类又分为活节和死节两种，详见图3-66。

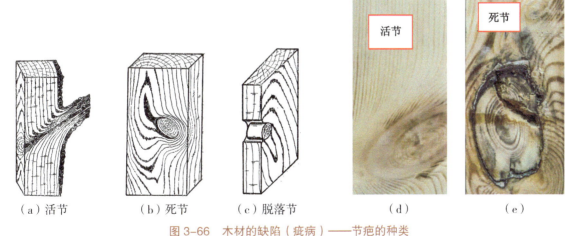

（a）活节　　（b）死节　　（c）脱落节　　（d）　　（e）

图3-66　木材的缺陷（疵病）——节疤的种类

注：图（a）、（b）、（c）引自《木材知识》，中国林学会主编，张景良编著。

节疤是一种缺陷，它破坏了木材的均匀性，特别是处在受弯大梁底部的节疤，降低了木材的强度，直接影响到建筑物的安全；而当节疤所处位置位于横纹受压和顺纹受剪区域时，其强度反倒会增加；节疤造成局部木纹变形，加工困难，木材表面易起毛刺即"戗茬、拧丝"，影响到木材表面的美观……但如果处理得当，节疤的存在反而会给木材表面带来形状各异的美丽图案，最典型的就是生长在海南黄花梨木材上最被人们称道的"鬼脸"实际上就是木材的节疤，它让这种木材身价倍增。

所以，我们在加工选料过程中一定注意要根据木构件的受力情况把节疤尽量用到影响小的部位以保证木结构的安全。

四、裂缝

详见本章第四节二、木材的物理性质。木材的裂缝和轮裂分别如图3-67、图3-68所示。

图3-67 木材的缺陷（疵病）——裂缝

图3-68 木材的缺陷（疵病）——轮裂

注：本图为落叶松（黄花松）成品构件的轮裂现状。

五、斜纹

木材斜纹主要是树木在生长过程中受外力影响或因材种不同形成弯曲状而产生的，如图3-69所示。这种现象不仅影响到木材的出材率，还影响到木材的强度，如图3-70所示。

六、髓心

髓心就是树木的树心，通常情况下，这部分的木质较其他部位的木质强度要低一些，也易糟朽一些，但由于传统建筑中的木构件尺寸都比较大，髓心的影响也相对较小。髓心如图3-71所示。

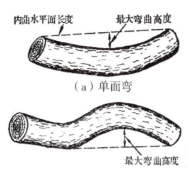

图 3-69　木材的缺陷（疵病）——斜纹
注：引自《木材知识》，中国林学会主编，张景良编著。

图 3-70　木材的弯曲

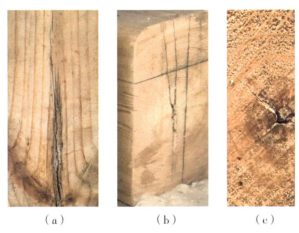

图 3-71　木材的缺陷（疵病）——髓心

第六节　木材的后期处理

木材有干缩、湿涨易变形的特点，有易腐、易燃的毛病，更有虫蛀、节疤、裂缝等缺陷，对刚采伐下来的树木，必须采取相应的措施处理后避开这些不足才能用于工程。常用的木材处理方法一般有三种：干燥、防腐、防火（特定的地区还要进行防虫、防白蚁处理）。

一、干燥

在传统建筑中，对木结构影响最为普遍的就是木材的含水率了，它不像木材的其他疵病可以挑选、更换，只有进行后期处理才能够保证成品构件不变形、不开裂，并降低构件腐朽的概率。

1. 自然干燥（风干）

这种方法通常是将新采伐下来的圆木（此时木材的含水率为30%～50%）或锯解后的板材架空堆垛码放在空气流通的地方，利用空气的对流来达到降低木材中水分含量的目的。这种方法简单易行且成本低廉，但干燥时间较长，还容易受到外界的影响。

在使用这种方法干燥时，要注意木垛不要被直晒和雨淋，以避免木材的腐朽或变形。另外，可在圆木或板材的端头涂刷蜡、胶或糊纸，这样能避免木材端头开裂，减少浪费，同时还要注意防止虫蛀。表3-4是木材天然干燥含水率由60%降到15%所需基本时间。

表3-4 木材天然干燥含水率由60%降到15%所需基本时间

树种	干燥季节	板厚20～40mm			板厚50～60mm		
		最长/d	最短/d	平均/d	最长/d	最短/d	平均/d
红松	晚冬（3月）～初春（4月）	68	41	52	102	90	96
	初夏（6月）	29	9	19	45	38	42
	初秋（8月）	50	36	43	106	64	85
	晚秋（9月）～初冬（11月）	86	22	54	176	168	172
落叶松	晚冬～初春	69	39	54	148	128	138
	初夏	63	37	50	60	43	52
	初秋	80	52	66	170	75	122
	晚秋～初冬	125	57	91	203	167	185
白松	初夏	17	9	13	103	30	67
	初秋	31	21	26	59	49	54
水曲柳	晚冬～初春	69	48	59	192	84	138
	初夏	62	15	39	121	111	116
	初秋	72	39	56	157	130	144
	晚秋～初冬	143	77	110	175	87	131
桦木	晚冬～初春	60	45	53	175	85	130
	初夏	25	20	23	155	65	110
	初秋	85	46	66	179	120	150
	晚秋～初冬	97	95	96	195	161	178

注：1. 本表仅指在北京地区进行天然干燥的数据。在温度及湿度等气候条件类似的地区可参考使用。
2. 摘自万彩林《古建材料》。
3. 表中d为天数。

2. 人工干燥

人工干燥一般采用浸泡、蒸干和烘干的方法。

（1）浸泡法。通常是将新砍伐下来后的原木浸泡在流动的河、湖中，根据木材的材种、原木的直径分别浸泡2～5个月，使原木中的树脂及树液被水充分溶解，再进行自然干燥。这种方法能比自然干燥（风干）的方法节省一半的时间，但是木材的强度会有一些降低。

（2）蒸干法。蒸干法是在专门的蒸干房内，利用高温蒸汽对木材进行熏蒸。高温蒸汽能将湿材中的树脂、树液充分溶解，熏蒸至一定时间时将木材移出烘房，自然冷却、干燥。这种方法较水浸法干燥的时间短，而且在熏蒸的同时进行杀虫灭菌，具有一定的优势。

（3）窑干法。窑干法利用明火在特制的烘房内对木材进行一定温度、一定时间的高温烘烤，以达到木材干燥的目的。这种方法较为原始，也比较直接，但温度不易掌握，也容易出现意外，现在已逐渐被电、红外、微波等新型热源所取代。

（4）化学处理法。该法用化学药剂（通常用尿素）对木材进行浸渍，使木材中纤维素发生化学反应，减少了木材的吸湿性，从而降低了木材的缩胀和变形。

在以上这几种方法中，最适合在传统建筑中使用的就是自然干燥法，也称为风干法。这种方法对木材强度的损伤是最小，也最环保的，只是时间上要长一些。

二、防腐

前面说到木材的腐朽是由于真菌引起的，而真菌的繁殖一定要有其适宜的湿度和养分等，我们只要创造条件，使木材不适宜真菌的寄生和繁殖同时断绝掉真菌生长所需的养料，就会起到防腐的作用。

木材防腐一般采用两种预防的方法，一种是干燥法，另一种是化学处理法。

1. 干燥法

对木材进行干燥，使其含水率保持在20%以下，同时在储存和使用中要注意通风、排湿或对木构件表面涂刷油漆以隔绝水分的侵入，以保证木材随时处于干燥状态。

2. 化学处理法

采取在木材表面涂刷、喷涂、浸渍、冷热槽浸透、压力渗透等方法注入化学防腐剂，起到杜绝各种真菌的侵入以防止腐朽的发生。在以上几种化学处理方法中，以冷热槽浸透法和压力渗透法效果最好。

防腐剂中一般分为水溶性、油溶性、油类及膏浆四类，常用的品种有氟化钠、硼酚合剂、氟砷铬合剂、林丹五氯酚合剂、强化防腐油、克鲁苏油等。

三、防火

木材最大的缺点之一就是它的易燃性，这给传统建筑带来极大的隐患，限制了它在今天的发展。目前，我们对木材的防火方法主要有两种：一种是在木材的储存和使用中远离火源；另一种就是在木材上涂刷防火阻燃涂料，通过提高木材的燃点来延缓木材的燃烧。

防火阻燃涂料处理的方法基本与防腐剂处理相同，也是将涂料喷或刷于木材表面，也可以把木材放入防火阻燃涂料槽内浸渍。

防火涂料根据胶结性质可分为油质防火涂料（内掺防火剂）、氯乙烯防火涂料、硅酸盐防火涂料和可赛银（酪素）防火涂料等。油质防火涂料及氯乙烯防火涂料能抗水，可用于露天木构件上；硅酸盐防火涂料及可赛银防火涂料抗水性差，用于不直接受潮湿作用的木构件上，不能用于露天构件。

具体使用哪种防火涂料应按照专业消防管理部门认定、推荐的品种来选择确定。经防火处理后的木材，其本身的燃点可大幅度提高，即使燃起明火后，在木材表面也不会很快地蔓延，而当火焰源移开后，木材表面的明火会立即熄灭，能在一定程度上起到防火阻燃的目的。

第七节　传统建筑中的木材常用标准

一、风干材与烘干材

1. 结构用材

采用天然生长的优质风干木材，不得使用烘干木材。

2. 装修用材

（1）槛框：宜使用风干材，因料大，不易烘干、烘透。

（2）大门：宜使用风干材，因料大，不易烘干、烘透且强度降低。

（3）隔扇、风门、槛窗、支摘窗边抹、棂条：宜使用风干材。

（4）各类板：没有雕刻要求的宜使用烘干材；有雕刻要求的宜使用风干材。

二、木材采购的分类与规格

1. 采购分类

（1）原木。原木是去掉枝桠的树干，根据截断的部位分为头根节（树木最下端部位）、二根节（树木靠上一端部位）。材质以头根节为最好（节疤最少）。

（2）方材。方材是经加工后的木材，其材宽小于材厚的3倍。

（3）板材。板材是经加工后的木材，其材宽大于或等于材厚的3倍。板材又分为两种。

①规格板材。板的四面均锯解加工，等宽、等厚。

②毛边板材。板的两个大面锯解加工，等厚；另两个小面（边）不做加工，随树木原型，不等宽。

2. 规格

通常在木材厂见到的原木规格是4m、6m长的居多，8m及8m以上长度的比较少见。

板材中也是以4m、6m长度的居多，2m、3m长的较为少见。板厚各种规格的都有，通常是按客户要求或大路货的尺寸进行加工。

方材通常是客户购买后按需要的尺寸另行加工的，木材厂一般不做预加工。木材的分类详见表3-5。

表 3-5 木材的分类

按材种分类	定 义	用 途
原 条	系指已经除去皮、根、树梢的木料,但尚未按一定尺寸加工成规定的材类	建筑工程的脚手架、建筑用材、家具等
原 木	系指已经除去皮、根、树梢的木料,并已按一定尺寸加工成规定直径和长度的材料	(1)直接使用的原木:用于建筑工程(如屋架、檩、椽等)、桩木、电杆、坑木等 (2)加工原木:用于胶合板、造船、车辆、机械模型及一般加工用材等
板枋材	系指已经加工锯解成材的木料。凡宽度为厚度3倍或3倍以上的,称为板材,不足3倍的称为枋材	建筑工程、桥梁、家具制造、造船、车辆、包装箱板等
枕 木	系指按枕木断面和长度加工而成的成材	铁道工程、工厂专用线

注:1. 目前原木、原条,有的去皮,有的不去皮。但不去皮者,其皮不计在木材材积以内。
2. 摘自《建筑材料手册》,陕西省建筑设计院编。

三、木材计量与换算方法

1. 木材的计量方法

木材的计量不是简单地计算木材的体积,它要综合考虑到原木的大、小头直径和不规则的外形等因素。在我国现行的国家统一标准的材积表,原木只要量出直径、板、方材量出宽和厚,再根据木材的长度到材积表查相应规格的数值,木材的体积(立方米数)就出来了。

现在,通常木材供货厂家的计量方法是:原木,量原木的小头直径;板材,量板材的大头宽度(或有大小头平均计量)。

表 3-6 是木材材积表。

表 3-6 木材材积表　　　　单位:m³

小头直径 /cm	材 长 /m												
	1.0	1.2	1.4	1.5	1.6	1.8	2.0	2.2	2.4	2.5	2.6	2.7	2.8
6	0.0031	0.0038	0.0045	0.0049	0.0053	0.0060	0.0068	0.0077	0.0085	0.0089	0.0094	0.0098	0.0103
8	0.0055	0.0067	0.0079	0.0085	0.0091	0.0104	0.0117	0.0131	0.0145	0.0152	0.0159	0.0166	0.0173
10	0.0086	0.0104	0.0123	0.0132	0.0142	0.0161	0.0181	0.0201	0.0222	0.0232	0.0243	0.0253	0.0264
12	0.012	0.015	0.018	0.019	0.020	0.023	0.026	0.029	0.032	0.033	0.035	0.036	0.038
14	0.017	0.020	0.024	0.026	0.028	0.031	0.035	0.039	0.043	0.045	0.047	0.049	0.051
16	0.022	0.027	0.031	0.034	0.036	0.041	0.046	0.051	0.056	0.058	0.061	0.063	0.066
18	0.028	0.034	0.040	0.043	0.046	0.052	0.058	0.064	0.070	0.074	0.077	0.080	0.083
20	0.035	0.042	0.049	0.053	0.057	0.064	0.072	0.079	0.087	0.091	0.095	0.098	0.102
22	0.042	0.051	0.060	0.064	0.069	0.078	0.087	0.096	0.105	0.110	0.114	0.119	0.124
24	0.050	0.061	0.071	0.076	0.082	0.092	0.103	0.114	0.125	0.130	0.136	0.141	0.147
26	0.059	0.071	0.084	0.090	0.096	0.108	0.121	0.134	0.147	0.153	0.159	0.166	0.172
28	0.069	0.083	0.097	0.104	0.111	0.126	0.140	0.155	0.170	0.177	0.185	0.192	0.200
30	0.079	0.095	0.112	0.120	0.128	0.145	0.161	0.178	0.195	0.204	0.212	0.221	0.229
32	0.090	0.109	0.127	0.136	0.146	0.165	0.184	0.203	0.222	0.232	0.241	0.251	0.261

续表

小头直径 /cm	材 长 /m												
	1.0	1.2	1.4	1.5	1.6	1.8	2.0	2.2	2.4	2.5	2.6	2.7	2.8
34	0.102	0.123	0.144	0.154	0.165	0.186	0.207	0.229	0.251	0.261	0.272	0.283	0.294
36	0.114	0.138	0.161	0.173	0.185	0.209	0.233	0.257	0.281	0.293	0.305	0.318	0.330
38	0.127	0.153	0.180	0.193	0.206	0.232	0.259	0.286	0.313	0.327	0.340	0.354	0.368
40	0.141	0.170	0.199	0.214	0.228	0.258	0.287	0.317	0.347	0.362	0.377	0.392	0.407
42	0.156	0.188	0.220	0.236	0.252	0.284	0.317	0.350	0.382	0.399	0.416	0.432	0.449
44	0.171	0.206	0.241	0.259	0.277	0.312	0.348	0.384	0.420	0.438	0.456	0.474	0.493
46	0.187	0.226	0.264	0.283	0.302	0.341	0.380	0.419	0.459	0.479	0.498	0.518	0.538
48	0.204	0.246	0.288	0.308	0.329	0.372	0.414	0.457	0.500	0.521	0.543	0.564	0.586
50	0.222	0.267	0.312	0.335	0.358	0.403	0.449	0.496	0.542	0.566	0.589	0.612	0.636
52	0.240	0.289	0.338	0.362	0.387	0.436	0.486	0.536	0.587	0.612	0.637	0.662	0.688
54	0.259	0.312	0.364	0.391	0.417	0.471	0.524	0.578	0.633	0.660	0.687	0.714	0.742
56	0.279	0.335	0.392	0.421	0.449	0.507	0.564	0.622	0.680	0.710	0.739	0.768	0.798
58	0.299	0.360	0.421	0.451	0.482	0.543	0.605	0.667	0.730	0.761	0.793	0.824	0.856
60	0.320	0.385	0.450	0.483	0.516	0.582	0.648	0.714	0.781	0.815	0.848	0.882	0.916
62	0.342	0.411	0.481	0.516	0.551	0.621	0.692	0.763	0.834	0.870	0.906	0.942	0.978
64	0.365	0.438	0.513	0.550	0.587	0.662	0.737	0.813	0.889	0.927	0.965	1.003	1.042
66	0.388	0.466	0.545	0.585	0.625	0.704	0.784	0.865	0.945	0.986	1.026	1.067	1.108
68	0.412	0.495	0.579	0.621	0.663	0.748	0.833	0.918	1.004	1.047	1.090	1.133	1.176
70	0.437	0.525	0.614	0.658	0.703	0.793	0.883	0.973	1.064	1.109	1.155	1.200	1.246
72	0.462	0.556	0.650	0.697	0.744	0.839	0.934	1.029	1.125	1.173	1.222	1.270	1.318
74	0.488	0.587	0.686	0.736	0.786	0.886	0.987	1.087	1.189	1.240	1.290	1.341	1.393
76	0.515	0.619	0.724	0.777	0.829	0.935	1.041	1.147	1.254	1.308	1.361	1.415	1.469
78	0.543	0.653	0.763	0.818	0.874	0.985	1.096	1.208	1.321	1.377	1.434	1.490	1.547
80	0.571	0.687	0.803	0.861	0.919	1.036	1.153	1.271	1.390	1.449	1.508	1.568	1.628
82	0.600	0.722	0.843	0.905	0.966	1.089	1.212	1.336	1.460	1.522	1.585	1.647	1.710
84	0.630	0.757	0.885	0.949	1.014	1.143	1.272	1.402	1.532	1.598	1.663	1.729	1.794
86	0.660	0.794	0.928	0.995	1.063	1.193	1.333	1.470	1.606	1.675	1.743	1.812	1.881
88	0.692	0.832	0.972	1.042	1.113	1.254	1.396	1.539	1.682	1.754	1.825	1.897	1.969
90	0.724	0.870	1.017	1.090	1.164	1.312	1.461	1.610	1.759	1.834	1.909	1.985	2.060
92	0.756	0.909	1.063	1.140	1.217	1.371	1.526	1.682	1.838	1.917	1.995	2.074	2.153
94	0.790	0.949	1.110	1.190	1.270	1.432	1.594	1.756	1.919	2.001	2.083	2.165	2.247
96	0.824	0.990	1.157	1.241	1.325	1.493	1.662	1.832	2.002	2.087	2.173	2.258	2.344
98	0.859	1.032	1.206	1.294	1.381	1.556	1.732	1.909	2.086	2.175	2.264	2.353	2.443
100	0.894	1.075	1.256	1.347	1.438	1.621	1.804	1.988	2.172	2.265	2.358	2.450	2.543
102	0.930	1.118	1.307	1.402	1.496	1.686	1.88	2.07	2.26	2.36	2.45	2.55	2.65
104	0.967	1.163	1.359	1.457	1.556	1.753	1.95	2.15	2.35	2.45	2.55	2.65	2.75
106	1.005	1.208	1.412	1.514	1.616	1.822	2.03	2.23	2.44	2.55	2.65	2.75	2.86
108	1.044	1.254	1.466	1.572	1.678	1.891	2.10	3.32	2.53	2.64	2.75	2.86	2.97
110	1.083	1.302	1.521	1.631	1.741	1.962	2.18	2.41	2.63	2.74	2.85	2.97	3.08
112	1.123	1.349	1.577	1.691	1.805	2.034	2.26	2.49	2.73	2.84	2.96	3.07	3.19
114	1.163	1.398	1.634	1.752	1.870	2.108	2.35	2.58	2.82	2.94	3.06	3.18	3.31
116	1.205	1.448	1.692	1.814	1.937	2.182	2.43	2.68	2.92	3.05	3.17	3.30	3.42

续表

小头直径 /cm	材 长 /m											
	1.0	1.2	1.4	1.5	1.6	1.8	2.0	2.2	2.4	2.5	2.6	2.7	2.8
118	1.247	1.498	1.751	1.878	2.004	2.259	2.51	2.77	3.03	3.15	3.28	3.41	3.54
120	1.289	1.550	1.811	1.942	2.073	2.336	2.60	2.86	3.12	3.26	3.40	3.53	3.66

小头直径 /cm	材 长 /m											
	3.0	3.2	3.4	3.5	3.6	3.8	4.0	4.2	4.4	4.5	4.6	4.8
6	0.0112	0.0121	0.0131	0.0136	0.0141	0.0151	0.0161	0.0172	0.0183	0.0188	0.0194	0.0205
8	0.0188	0.0203	0.0218	0.0226	0.0234	0.0250	0.0266	0.0283	0.0300	0.0309	0.0317	0.0335
10	0.0286	0.0308	0.0331	0.0342	0.0354	0.0377	0.0401	0.0425	0.0449	0.0462	0.0474	0.0500
12	0.041	0.044	0.047	0.048	0.050	0.053	0.056	0.060	0.063	0.065	0.066	0.070
14	0.055	0.059	0.063	0.065	0.067	0.071	0.076	0.080	0.084	0.087	0.089	0.093
16	0.071	0.076	0.082	0.084	0.087	0.092	0.098	0.103	0.109	0.112	0.115	0.120
18	0.090	0.096	0.103	0.106	0.109	0.116	0.123	0.130	0.137	0.140	0.144	0.151
20	0.110	0.118	0.126	0.130	0.135	0.143	0.151	0.159	0.168	0.172	0.176	0.185
22	0.133	0.143	0.153	0.157	0.162	0.172	0.182	0.192	0.202	0.207	0.212	0.223
24	0.158	0.170	0.181	0.187	0.193	0.204	0.216	0.228	0.240	0.246	0.252	0.264
26	0.186	0.199	0.212	0.219	0.226	0.239	0.253	0.267	0.280	0.287	0.294	0.308
28	0.215	0.230	0.246	0.253	0.261	0.277	0.293	0.308	0.324	0.332	0.340	0.357
30	0.247	0.264	0.282	0.291	0.299	0.317	0.335	0.353	0.372	0.381	0.390	0.408
32	0.280	0.300	0.320	0.330	0.340	0.360	0.381	0.401	0.422	0.432	0.443	0.464
34	0.316	0.339	0.361	0.372	0.384	0.406	0.429	0.452	0.475	0.487	0.499	0.522
36	0.355	0.380	0.405	0.417	0.430	0.455	0.481	0.506	0.532	0.545	0.558	0.584
38	0.395	0.423	0.451	0.465	0.479	0.507	0.535	0.564	0.592	0.607	0.621	0.650
40	0.438	0.468	0.499	0.514	0.530	0.561	0.592	0.624	0.656	0.672	0.687	0.720
42	0.482	0.516	0.550	0.567	0.584	0.618	0.653	0.687	0.722	0.740	0.757	0.792
44	0.529	0.566	0.603	0.622	0.641	0.678	0.716	0.754	0.792	0.811	0.830	0.869
46	0.578	0.619	0.659	0.679	0.700	0.741	0.782	0.823	0.865	0.886	0.907	0.948
48	0.630	0.673	0.717	0.740	0.762	0.806	0.851	0.396	0.941	0.864	0.986	1.032
50	0.683	0.731	0.778	0.802	0.826	0.874	0.923	0.971	1.020	1.045	1.069	1.119
52	0.739	0.790	0.842	0.867	0.893	0.945	0.998	1.050	1.103	1.129	1.156	1.209
54	0.797	0.852	0.907	0.935	0.963	1.019	1.075	1.132	1.189	1.217	1.246	1.303
56	0.857	0.916	0.976	1.005	1.035	1.096	1.156	1.217	1.278	1.308	1.339	1.401
58	0.919	0.982	1.046	1.078	1.110	1.175	1.240	1.305	1.370	1.403	1.436	1.502
60	0.983	1.051	1.120	1.154	1.188	1.257	1.326	1.396	1.465	1.501	1.536	1.606
62	1.050	1.122	1.195	1.232	1.263	1.342	1.416	1.490	1.564	1.602	1.639	1.714
64	1.119	1.196	1.273	1.312	1.351	1.429	1.508	1.587	1.666	1.706	1.746	1.826
66	1.190	1.272	1.354	1.395	1.437	1.520	1.603	1.687	1.771	1.813	1.856	1.941
68	1.263	1.350	1.437	1.481	1.525	1.613	1.702	1.790	1.880	1.924	1.969	2.059
70	1.338	1.430	1.523	1.569	1.616	1.709	1.803	1.897	1.991	2.039	2.086	2.181
72	1.415	1.513	1.611	1.660	1.709	1.808	1.907	2.006	2.106	2.156	2.206	2.307
74	1.495	1.598	1.701	1.753	1.805	1.909	2.014	2.119	2.224	2.277	2.330	2.436
76	1.577	1.685	1.794	1.849	1.904	2.014	2.124	2.234	2.345	2.401	2.457	2.569
78	1.661	1.775	1.890	1.947	2.005	2.121	2.237	2.353	2.470	2.528	2.587	2.705
80	1.747	1.867	1.988	2.048	2.109	2.230	2.352	2.475	2.598	2.659	2.721	2.845

续表

小头直径/cm	材 长 /m											
	3.0	3.2	3.4	3.5	3.6	3.8	4.0	4.2	4.4	4.5	4.6	4.8
82	1.836	1.962	2.088	2.152	2.215	2.343	2.471	2.600	2.728	2.793	2.858	2.988
84	1.926	2.059	2.191	2.258	2.325	2.458	2.593	2.727	2.863	2.930	2.998	3.135
86	2.019	2.158	2.297	2.367	2.436	2.577	2.717	2.858	3.000	3.071	3.142	3.285
88	2.114	2.259	2.405	2.478	2.551	2.698	2.845	2.992	3.141	3.215	3.289	3.439
90	2.211	2.363	2.515	2.591	2.668	2.821	2.975	3.129	3.284	3.362	3.440	3.596
92	2.310	2.469	2.628	2.708	2.788	2.948	3.108	3.270	3.431	3.513	3.594	3.757
94	2.412	2.577	2.743	2.827	2.910	3.077	3.245	3.413	3.582	3.666	3.751	3.921
96	2.516	2.688	2.861	2.948	3.035	3.209	3.384	3.559	3.735	3.823	3.912	4.089
98	2.622	2.801	2.981	3.072	3.162	3.344	3.526	3.709	3.892	3.984	4.076	4.260
100	2.730	2.917	3.104	3.198	3.293	3.481	3.671	3.861	4.052	4.147	4.243	4.435
102	2.84	3.03	3.23	3.33	3.43	3.62	3.82	4.02	4.21	4.31	4.41	4.61
104	2.95	3.15	3.36	3.46	3.56	3.76	3.97	4.18	4.38	4.48	4.59	4.80
106	3.07	3.28	3.49	3.59	3.70	3.91	4.12	4.34	4.55	4.66	4.77	4.98
108	3.18	3.40	3.62	3.73	3.84	4.06	4.28	4.50	4.72	4.84	4.95	5.17
110	3.30	3.53	3.76	3.87	3.98	4.21	4.44	4.67	4.90	5.02	5.13	5.36
112	3.42	3.66	3.89	4.01	4.13	4.37	4.60	4.84	5.08	5.20	5.32	5.56
114	3.55	3.79	4.03	4.16	4.28	4.52	4.77	5.01	5.26	5.39	5.51	5.76
116	3.67	3.92	4.18	4.30	4.43	4.68	4.94	5.19	5.45	5.58	5.70	5.96
118	3.80	4.06	4.32	4.45	4.53	4.84	5.11	5.37	5.64	5.77	5.90	6.17
120	3.93	4.20	4.47	4.60	4.74	5.01	5.28	5.55	5.83	5.97	6.10	6.38

小头直径/cm	材 长 /m											
	5.0	5.2	5.4	5.5	5.6	5.8	6.0	6.2	6.4	6.5	6.6	6.8
6	0.0217	0.0229	0.0241	0.0247	0.0253	0.0266	0.0279	0.0292	0.0305	0.0312	0.0319	0.0332
8	0.0353	0.0371	0.0389	0.0399	0.0408	0.0427	0.0447	0.0467	0.0487	0.0497	0.0507	0.0528
10	0.0525	0.0551	0.0578	0.0591	0.0605	0.0632	0.0659	0.0687	0.0716	0.0730	0.0745	0.0774
12	0.073	0.077	0.081	0.082	0.084	0.088	0.092	0.095	0.099	0.101	0.103	0.107
14	0.098	0.103	0.107	0.110	0.112	0.117	0.122	0.127	0.132	0.134	0.137	0.142
16	0.126	0.132	0.138	0.141	0.144	0.150	0.156	0.162	0.169	0.172	0.175	0.181
18	0.158	0.165	0.173	0.176	0.180	0.183	0.195	0.203	0.210	0.214	0.218	0.226
20	0.194	0.203	0.211	0.216	0.220	0.229	0.239	0.248	0.257	0.262	0.266	0.276
22	0.233	0.244	0.254	0.259	0.265	0.276	0.286	0.297	0.308	0.314	0.319	0.331
24	0.276	0.288	0.301	0.307	0.313	0.326	0.339	0.351	0.364	0.371	0.377	0.390
26	0.323	0.337	0.351	0.359	0.366	0.380	0.395	0.410	0.425	0.432	0.440	0.455
28	0.373	0.389	0.406	0.414	0.423	0.439	0.456	0.473	0.490	0.499	0.508	0.525
30	0.427	0.446	0.464	0.474	0.483	0.503	0.522	0.541	0.561	0.570	0.580	0.600
32	0.485	0.506	0.527	0.538	0.548	0.570	0.592	0.613	0.635	0.647	0.658	0.680
34	0.546	0.570	0.593	0.605	0.617	0.642	0.666	0.690	0.715	0.727	0.740	0.765
36	0.611	0.637	0.664	0.677	0.691	0.718	0.745	0.772	0.799	0.813	0.827	0.855
38	0.679	0.709	0.738	0.753	0.768	0.798	0.828	0.858	0.889	0.904	0.919	0.950
40	0.752	0.784	0.817	0.833	0.849	0.882	0.916	0.949	0.982	0.999	1.016	1.050
42	0.828	0.863	0.899	0.917	0.935	0.971	1.008	1.044	1.081	1.099	1.118	1.155
44	0.907	0.946	0.985	1.005	1.025	1.064	1.104	1.144	1.184	1.204	1.224	1.265

续表

小头直径 /cm	材 长 /m											
	5.0	5.2	5.4	5.5	5.6	5.8	6.0	6.2	6.4	6.5	6.6	6.8
46	0.991	1.033	1.076	1.097	1.119	1.162	1.205	1.248	1.292	1.314	1.336	1.380
48	1.078	1.124	1.170	1.193	1.217	1.263	1.310	1.357	1.405	1.429	1.452	1.500
50	1.168	1.218	1.268	1.293	1.319	1.369	1.420	1.471	1.522	1.548	1.574	1.625
52	1.263	1.316	1.370	1.398	1.425	1.479	1.534	1.589	1.644	1.672	1.700	1.756
54	1.361	1.419	1.477	1.506	1.535	1.594	1.653	1.712	1.771	1.S01	1.831	1.891
56	1.462	1.524	1.587	1.618	1.649	1.712	1.776	1.839	1.903	1.935	1.967	2.031
58	1.568	1.634	1.701	1.734	1.768	1.835	1.903	1.971	2.039	2.073	2.108	2.177
60	1.677	1.748	1.819	1.855	1.891	1.963	2.035	2.107	2.180	2.217	2.253	2.327
62	1.789	1.865	1.941	1.979	2.017	2.094	2.171	2.248	2.326	2.365	2.404	2.482
64	1.906	1.986	2.067	2.108	2.148	2.230	2.312	2.394	2.477	2.518	2.559	2.643
66	2.026	2.111	2.197	2.240	2.283	2.370	2.457	2.544	2.632	2.676	2.720	2.808
68	2.150	2.240	2.331	2.377	2.423	2.514	2.606	2.699	2.792	2.838	2.885	2.979
70	2.277	2.373	2.469	2.517	2.566	2.663	2.760	2.858	2.956	3.006	3.055	3.154
72	2.408	2.509	2.611	2.662	2.713	2.816	2.919	3.022	3.126	3.178	3.230	3.335
74	2.543	2.650	2.757	2.811	2.865	2.973	3.082	3.191	3.300	3.355	3.410	3.520
76	2.681	2.794	2.907	2.964	3.020	3.134	3.249	3.364	3.479	3.537	3.595	3.711
78	2.823	2.942	3.061	3.120	3.180	3.300	3.420	3.541	3.663	3.723	3.784	3.906
80	2.969	3.093	3.219	3.281	3.344	3.470	3.597	3.723	3.851	3.915	3.979	4.107
82	3.118	3.249	3.380	3.446	3.512	3.644	3.777	3.910	4.044	4.111	4.178	4.313
84	3.271	3.408	3.546	3.615	3.684	3.823	3.962	4.102	4.242	4.312	4.382	4.523
86	3.428	3.572	3.716	3.788	3.860	4.006	4.151	4.298	4.444	4.518	4.591	4.739
88	3.588	3.739	3.890	3.965	4.041	4.193	4.345	4.498	4.651	4.728	4.805	4.960
90	3.752	3.910	4.067	4.416	4.225	4.384	4.543	4.703	4.863	4.944	5.024	5.186
92	3.920	4.084	4.249	4.331	4.414	4.580	4.746	4.913	5.080	5.164	5.248	5.416
94	4.092	4.263	4.434	4.520	4.607	4.780	4.953	5.127	5.301	5.389	5 477	5.652
96	4.267	4.445	4.624	4.714	4.804	4.984	5.164	5.346	5.528	5.619	5.710	5.893
98	4.445	4.631	4.818	4.911	5.005	5.192	5.380	5.569	5.758	5.853	5.949	6.139
100	4.628	4.821	5.015	5.112	5.210	5.405	5.601	5.797	5.994	6.093	6.192	6.390
102	4.81	5.01	5.22	5.32	5.42	5.62	5.83	6.03	6.23	6.34	6.44	6.65
104	5.00	5.21	5.42	5.53	5.63	5.84	6.05	6.27	6.48	6.59	6.69	6.91
106	5.20	5.40	5.63	5.74	5.85	6.07	6.29	6.51	6.73	6.84	6.95	7.17
108	5.39	5.62	5.84	5.96	6.07	6.30	6.53	6.75	6.98	7.10	7.21	7.44
110	5.60	5.83	6.06	6.18	6.30	6.53	6.77	7.01	7.24	7.36	7.48	7.72
112	5.80	6.04	6.28	6.41	6.53	6.77	7.02	7.26	7.51	7.63	7.75	8.00
114	6.01	6.26	6.51	6.63	6.76	7.01	7.27	7.52	7.78	7.90	8.03	8.29
116	6.22	6.48	6.74	6.87	7.00	7.26	7.52	7.79	8.05	8.18	8.31	8.58
118	6.43	6.70	6.97	7.11	7.24	7.51	7.78	8.05	8.33	8.46	8.60	8.87
120	6.65	6.93	7.21	7.35	7.49	7.77	8.05	8.33	8.61	8.75	8.89	9.18

小头直径 /cm	材 长 /m											
	7.0	7.2	7.4	7.5	7.6	7.8	8.0	8.2	8.4	8.5	8.6	8.8
6	0.0347	0.0361	0.0375	0.0383	0.0390	0.0405	0.0421	0.0436	0.0452	0.0460	0.0468	0.0484
8	0.0549	0.0570	0.0592	0.0603	0.0614	0.0636	0.0659	0.0682	0.0705	0.0717	0.0728	0.0753

续表

小头直径/cm	材 长 /m											
	7.0	7.2	7.4	7.5	7.6	7.8	8.0	8.2	8.4	8.5	8.6	8.8
10	0.0803	0.0833	0.0864	0.0879	0.0895	0.0926	0.0957	0.0989	0.1020	0.1038	0.1054	0.1087
12	0.111	0.115	0.119	0.121	0.123	0.127	0.131	0.136	0.140	0.142	0.144	0.149
14	0.147	0.152	0.157	0.160	0.162	0.168	0.173	0.179	0.184	0.187	0.190	0.195
16	0.188	0.194	0.201	0.204	0.207	0.214	0.221	0.228	0.234	0.238	0.241	0.248
18	0.234	0.242	0.250	0.254	0.258	0.266	0.274	0.283	0.291	0.295	0.300	0.308
20	0.285	0.295	0.305	0.309	0.314	0.324	0.334	0.344	0.354	0.359	0.364	0.374
22	0.342	0.353	0.365	0.370	0.376	0.388	0.399	0.411	0.423	0.429	0.435	0.447
24	0.404	0.417	0.430	0.437	0.444	0.457	0.471	0.485	0.499	0.506	0.513	0.527
26	0.470	0.486	0.501	0.509	0.517	0.533	0.548	0.564	0.580	0.588	0.596	0.613
28	0.542	0.560	0.578	0.587	0.596	0.614	0.632	0.650	0.668	0.677	0.687	0.705
30	0.620	0.640	0.660	0.670	0.680	0.700	0.721	0.742	0.762	0.773	0.783	0.804
32	0.702	0.725	0.747	0.759	0.770	0.793	0.816	0.839	0.863	0.874	0.886	0.910
34	0.790	0.815	0.840	0.853	0.866	0.892	0.917	0.943	0.969	0.982	0.996	1.022
36	0.883	0.911	0.939	0.953	0.967	0.996	1.024	1.053	1.082	1.097	1.111	1.141
38	0.981	1.012	1.043	1.059	1.074	1.106	1.138	1.169	1.201	1.218	1.234	1.266
40	1.084	1.118	1.152	1.170	1.187	1.222	1.257	1.292	1.327	1.345	1.362	1.398
42	1.192	1.230	1.267	1.286	1.305	1.343	1.382	1.420	1.459	1.478	1.497	1.536
44	1.306	1.347	1.388	1.408	1.429	1.471	1.512	1.554	1.597	1.618	1.639	1.682
46	1.424	1.469	1.514	1.536	1.559	1.604	1.649	1.695	1.741	1.764	1.787	1.833
48	1.548	1.597	1.645	1.670	1.694	1.743	1.792	1.842	1.891	1.916	1.941	1.991
50	1.677	1.730	1.782	1.808	1.835	1.888	1.941	1.994	2.048	2.075	2.102	2.156
52	1.812	1.868	1.925	1.953	1.981	2.038	2.096	2.153	2.211	2.240	2.269	2.327
54	1.951	2.012	2.072	2.103	2.133	2.195	2.256	2.318	2.380	2.411	2.443	2.505
56	2.096	2.161	2.226	2.258	2.291	2.357	2.423	2.489	2.556	2.589	2.622	2.690
58	2.246	2.315	2.385	2.420	2.455	2.525	2.595	2.666	2.737	2.773	2.809	2.881
60	2.401	2.475	2.549	2.586	2.624	2.699	2.774	2.850	2.925	2.963	3.002	3.078
62	2.561	2.640	2.719	2.759	2.798	2.878	2.958	3.039	3.120	3.160	3.201	3.282
64	2.726	2.810	2.894	2.936	2.979	3.064	3.149	3.234	3.320	3.363	3.406	3.493
66	2.897	2.986	3.075	3.120	3.165	3.255	3.345	3.436	3.527	3.573	3.618	3.710
68	3.072	3.167	3.261	3.309	3.356	3.452	3.547	3.644	3.740	3.788	3.837	3.934
70	3.253	3.353	3.453	3.503	3.554	3.654	3.756	3.857	3.959	4.010	4.062	4.164
72	3.439	3.545	3.650	3.703	3.757	3.863	3.970	4.077	4.185	4.239	4.293	4.401
74	3.631	3.742	3.853	3.909	3.965	4.077	4.190	4.303	4.417	4.473	4.530	4.645
76	3.827	3.944	4.062	4.120	4.179	4.298	4.416	4.535	4.655	4.715	4.775	4.895
78	4.029	4.152	4.275	4.337	4.399	4.528i	4.648	4.773	4.899	4.962	5.025	5.151
80	4.236	4.365	4.495	4.560	4.625	4.755	4.886	5.018	5.150	5.216	5.282	5.415
82	4.448	4.583	4.719	4.787	4.856	4.993	5.130	5.268	5.406	5.476	5.545	5.684
84	4.665	4.807	4.949	5.021	5.092	5.236	5.380	5.524	5.669	5.742	5.815	5.961
86	4.887	5.036	5.185	5.260	5.385	5.485	5.636	5.787	5.939	6.015	6.091	6.244
88	5.115	5.270	5.426	5.505	5.583	5.740	5.889	6.056	6.214	6.294	6.373	6.533
90	5.348	5.510	5.673	5.755	5.837	6.001	6.165	6.330	6.496	6.579	6.662	6.829
92	5.585	5.755	5.925	6.010	6.096	6.267	6.439	6.611	6.784	6.871	6.958	7.132

续表

小头直径/cm	材长 /m											
	7.0	7.2	7.4	7.5	7.6	7.8	8.0	8.2	8.4	8.5	8.6	8.8
94	5.829	6.005	6.183	6.272	6.361	6.539	6.719	6.398	7.079	7.169	7.259	7.441
96	6.077	6.261	6.446	6.539	6.631	6.818	7.004	7.191	7.379	7.473	7.568	7.757
98	6.330	6.522	6.715	6.811	6.908	7.101	7.296	7.491	7.686	7.784	7.882	8.079
100	6.589	6.789	6.989	7.089	7.190	7.391	7.593	7.796	7.999	8.101	8.203	8.408
102	6.85	7.06	7.27	7.37	7.48	7.69	7.90	8.11	8.32	8.42	8.53	8.74
104	7.12	7.34	7.55	7.66	7.77	7.99	8.21	8.42	8.64	8.75	8.86	9.09
106	7.40	7.62	7.84	7.96	8.07	8.29	8.52	8.75	8.98	9.09	9.20	9.43
108	7.68	7.91	8.14	8.26	8.37	8.61	8.84	9.08	9.31	9.43	9.55	9.29
110	7.96	8.20	8.44	8.56	8.68	8.93	9.17	9.41	9.66	9.78	9.90	10.15
112	8.25	8.50	8.75	8.87	9.00	9.25	9.50	9.76	10.01	10.14	10.26	10.51
114	8.54	8.80	9.06	9.19	9.32	9.58	9.84	10.10	10.37	10.50	10.63	10.89
116	8.84	9.11	9.38	9.51	9.65	9.92	10.19	10.46	10.73	10.87	11.00	11.27
118	9.15	9.43	9.70	9.84	9.98	10.26	10.54	10.82	11.10	11.24	11.38	11.66
120	9.46	9.75	10.03	10.18	10.32	10.61	10.89	11.18	11.47	11.62	11.76	12.06

小头直径/cm	材长 /m										
	9.0	9.2	9.4	9.5	9.6	9.8	10.0	10.5	11.0	11.5	12.0	13.0
6	0.0501	0.0517	0.0534	0.0543	0.0552	0.0569	0.0587	0.0632	0.0679	0.0728	0.0778	0.0882
8	0.0777	0.0802	0.0826	0.0839	0.0852	0.0877	0.0903	0.0969	0.1037	0.1106	0.1178	0.1328
10	0.1121	0.1155	0.1189	0.1206	0.1223	0.1258	0.1294	0.1384	0.1477	0.1572	0.1670	0.1872
12	0.153	0.158	0.162	0.164	0.167	0.171	0.176	0.188	0.200	0.212	0.225	0.251
14	0.201	0.207	0.212	0.215	0.218	0.224	0.230	0.245	0.261	0.276	0.292	0.326
16	0.255	0.263	0.270	0.273	0.277	0.284	0.292	0.310	0.329	0.349	0.369	0.410
13	0.317	0.325	0.334	0.339	0.343	0.352	0.361	0.383	0.407	0.430	0.454	0.504
20	0.385	0.395	0.405	0.411	0.416	0.427	0.437	0.464	0.492	0.520	0.549	0.607
22	0.459	0.472	0.484	0.490	0.496	0.509	0.521	0.553	0.586	0.619	0.652	0.721
24	0.541	0.555	0.569	0.577	0.584	0.598	0.613	0.650	0.688	0.726	0.765	0.844
26	0.629	0.645	0.662	0.670	0.678	0.695	0.712	0.755	0.798	0.842	0.887	0.978
28	0.724	0.742	0.761	0.771	0.780	0.799	0.819	0.867	0.917	0.967	1.017	1.121
30	0.825	0.846	0.868	0.879	0.889	0.911	0.933	0.988	1.043	1.100	1.157	1.274
32	0.934	0.957	0.981	0.993	1.006	1.030	1.054	1.116	1.178	1.242	1.306	1.437
34	1.049	1.075	1.102	1.115	1.129	1.156	1.183	1.252	1.322	1.393	1.464	1.610
36	1.170	1.200	1.230	1.245	1.260	1.290	1.320	1.396	1.474	1.552	1.631	1.793
38	1.299	1.331	1.364	1.381	1.397	1.431	1.464	1.548	1.634	1.720	1.807	1.985
40	1.434	1.470	1.506	1.524	1.542	1.579	1.616	1.708	1.802	1.897	1.992	2.188
42	1.576	1.615	1.655	1.675	1.694	1.734	1.775	1.876	1.978	2.082	2.187	2.400
44	1.724	1.767	1.810	1.832	1.854	1.879	1.941	2.501	2.163	2.276	2.390	2.622
46	1.880	1.926	1.973	1.997	2.020	2.068	2.115	2.235	2.356	2.479	2.602	2.854
48	2.042	2.092	2.143	2.168	2.194	2.245	2.297	2.426	2.558	2.690	2.824	3.096
50	2.210	2.265	2.320	2.347	2.375	2.430	2.486	2.626	2.767	2.910	3.055	3.348
52	2.386	2.445	2.504	2.533	2.563	2.623	2.682	2.833	2.985	3.139	3.294	3.069
54	2.568	2.631	2.695	2.726	2.758	2.822	2.886	3.048	3.211	3.376	3.543	3.881
56	2.757	2.825	2.892	2.927	2.861	3.029	3.093	3.271	3.446	3.622	3.801	4.162

续表

小头直径 /cm	材长 /m											
	9.0	9.2	9.4	9.5	9.6	9.8	10.0	10.5	11.0	11.5	12.0	13.0
58	2.953	3.025	3.097	3.134	3.170	3.243	3.317	3.502	3.689	3.877	4.067	4.454
60	3.155	3.232	3.309	3.348	3.387	3.465	3.543	3.741	3.940	4.141	4.343	4.755
62	3.364	3.446	3.528	3.570	3.611	3.694	3.777	3.987	4.199	4.413	4.628	5.066
64	3.580	3.667	3.754	3.793	3.842	3.931	4.019	4.242	4.467	4.693	4.922	5.387
66	3.802	3.895	3.988	4.034	4.081	4.174	4.268	4.504	4.742	4.983	5.226	5.717
68	4.031	4.129	4.228	4.277	4.326	4.425	4.525	4.774	5.027	5.281	5.538	6.058
70	4.267	4.371	4.475	4.527	4.579	4.684	4.789	5.053	5.319	5.588	5.859	6.408
72	4.510	4.619	4.729	4.784	4.839	4.949	5.060	5.339	5.620	5.903	6.189	6.769
74	4.759	4.875	4.990	5.048	5.106	5.222	5.339	5.633	5.929	6.228	6.529	7.139
76	5.016	5.137	5.258	5.319	5.380	5.503	5.626	5.935	6.246	6.560	6.877	7.519
78	5.278	5.406	5.534	5.598	5.662	5.790	5.920	6.244	6.572	6.902	7.235	7.909
80	5.548	5.682	5.816	5.883	5.950	6.086	6.221	6.562	6.906	7.252	7.601	8.309
82	5.824	5.964	6.105	6.176	6.246	6.388	6.530	6.887	7.248	7.611	7.977	8.718
84	6.107	6.254	6.401	6.475	6.549	6.698	6.847	7.221	7.598	7.979	8.362	9.138
86	6.397	6.551	6.705	6.782	6.860	7.015	7.171	7.562	7.957	8.355	8.756	9.567
88	6.693	6.854	7.015	7.096	7.177	7.339	7.502	7.911	8.324	8.740	9.159	10.006
90	6.996	7.164	7.333	7.417	7.502	7.671	7.841	8.268	8.699	9.133	9.571	10.456
92	7.306	7.481	7.657	7.745	7.833	8.010	8.188	8.633	9.083	9.535	9.992	10.915
94	7.623	7.805	7.989	8.080	8.172	8.357	8.542	9.006	9.475	9.946	10.422	11.383
96	7.946	8.136	8.327	8.423	8.519	8.710	8.903	9.387	9.875	10.366	10.861	11.862
98	8.276	8.474	8.673	8.772	8.872	9.072	9.272	9.776	10.283	10.794	11.309	12.351
100	8.613	8.819	9.025	9.129	9.232	9.440	9.648	10.172	10.700	11.231	11.767	12.849
102	8.96	9.17	9.38	9.49	9.60	9.82	10.03	10.58	11.12	11.68	12.23	13.36
104	9.31	9.53	9.75	9.86	9.98	10.20	10.42	10.99	11.56	12.13	12.71	13.88
106	9.66	9.89	10.13	10.24	10.36	10.59	10.82	11.41	12.00	12.59	13.19	14.40
108	10.03	10.27	10.51	10.63	10.75	10.99	11.23	11.84	12.45	13.07	13.69	14.94
110	10.40	10.65	10.89	11.02	11.14	11.39	11.64	12.27	12.91	13.55	14.19	15.49
112	10.77	11.03	11.29	11.42	11.55	11.81	12.06	12.72	13.37	14.04	14.70	16.05
114	11.16	11.42	11.69	11.82	11.96	12.23	12.49	13.17	13.85	14.53	15.22	16.61
116	11.55	11.82	12.10	12.24	12.38	12.65	12.93	13.63	14.33	15.04	15.75	17.19
118	11.95	12.23	12.51	12.66	12.80	13.09	13.37	14.10	14.82	15.55	16.29	17.78
120	12.35	12.64	12.94	13.09	13.23	13.53	13.83	14.57	15.32	16.08	16.84	18.38

2. 木材的换算方法

木材从原木加工为成材是有折损率的，每立方米原木加工成材的尺寸大，折损率就小，反之就大。现行的折损率为：

原木∶锯成材（板方材）=1∶0.658；

原木∶门窗松木规格料=1∶0.435；

原木∶门窗硬木规格料=1∶0.222。

第八节　木材的选材、加工和保管

一、选材

木材的选材有如下原则。

（1）根据构件的加工尺寸选择符合要求的原木。传统建筑中的木构件长短不同，尺寸各异，在选料过程中一定不能长料短用、优材劣用，在保证加工尺寸的前提下，还要考虑各种尺寸构件的套裁，最大限度地合理利用木材，减少浪费。

（2）检查原木是否有人为的损伤。树木在砍伐和运输当中，由于方法不当，会造成原木的隐形断裂，也就是俗称的"暗裂"，这种断裂由于树皮的包掩在选材时不易被发现，有经验的木工师傅在树皮剥光后通过斧子的敲击或手工锛砍能发现"暗裂"的存在，现在这种手工锛砍多半已被机械旋床、刨床所替代，如果不仔细检查，这种带有"暗裂"的构件使用在木结构中，会给建筑物的安全带来极大的隐患。

（3）根据加工构件的种类选择符合要求的原木。树木生长在自然环境中，不可避免地会带有一些疵病，应根据加工构件的力学性质（受压、受拉或受弯）及各类木构件对材质的要求（见第九节）来选择相应的原木，比如：在符合用材标准前提下，原木中节疤相对略多些的可以挑选出用作受压柱子；受弯大梁用料中，节疤略多的一侧可用于大梁的上（背）面等。

二、加工

1. 径切板与弦切板的区别和定义

在木材的加工中，很重要的一点就是要认清什么是径切板，什么是弦切板。

在前面所介绍的木材的性质中，我们知道了木材变形的危害，要想避免这种危害，除去对木材进行干燥处理外，还有一种方法就是在加工中通过弦切加工和径切加工的方法来最大限度地减少木材的变形。

在本章第四节里介绍了木材的横切面、弦切面和径切面，知道了木材横切面的干缩变形很小，可忽略不计（图3-72）。弦切面的干缩要高于径切面一倍，只要在加工过程中尽量使成材保持在径切状态，就能最大限度地减少成材变形的程度。图3-73为径切面、弦切面示意。

2. 木材的加工

由于原木的形状近乎为圆形，它加工出的成材不可能都是标准的径切或弦切面，我们可根据成材构件的用途及使用部位加工下锯，尽量减少成材的变形，同时又尽量满足美观的需要。下面介绍一些加工下锯的方法供参考，详见图3-74、图3-75。

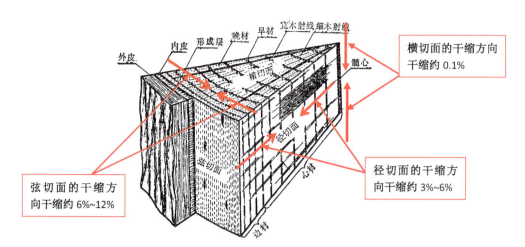

图 3-72 横切面、径切面、弦切面的干缩方向及数值

注：引自《木材知识》，中国林学会主编，张景良编著。

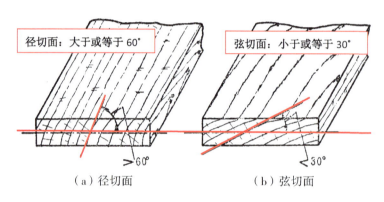

（a）径切面　　　（b）弦切面

图 3-73 径切面、弦切面示意

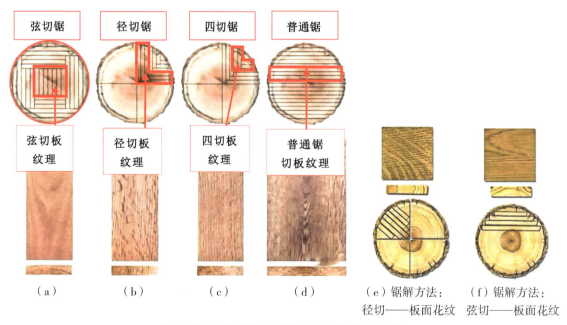

（a）　　（b）　　（c）　　（d）　　（e）锯解方法：径切——板面花纹　　（f）锯解方法：弦切——板面花纹

图 3-74 各种板材的锯解方法与板面纹理效果

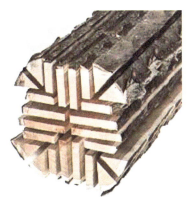

（a）锯解方法——径切法　　　　（b）锯解方法——普通切法

图 3-75　各种板材的锯解方法

三、保管

木材是一种天然材料，易受到外界环境的影响而造成自身材质的损伤，如阳光暴晒造成开裂变形，雨水作用造成材质糟朽，虫害滋生产生虫蛀，堆放不当发生霉变……所以木材的保管是一项很重要的工作，不可忽视。

木材保管的方法有两种，一种是湿存法，另一种是干存法。

1. 湿存法

将木材浸入水中储存就是湿存法。这种方法适宜在林场使用，我们通常用不到，这里就不做介绍了。

2. 干存法

干存法的具体操作如下。

（1）先将原木的树皮剥除干净，这样可以防止木材的变色和虫蛀；在原木的端头粘贴牛皮纸或涂刷乳胶，可减少木材因干燥过快而开裂的速度。

（2）选取一块地势较高、不易积水和通风良好的场地，清除杂草后，垫高约 300mm，原木、方材横纵架空堆放，保持通风，有条件的可用铁皮或木材板皮架空钉出棚盖，遮挡雨水是原木、方、板材堆积方法。

图 3-76 是原木、方、板材堆积方法。

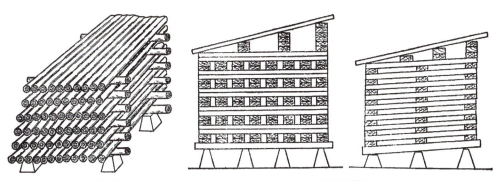

（a）原木堆积法　　　　　　　（b）成材堆积法

图 3-76　原木、方、板材堆积方法

第九节　传统建筑中各类木构件对缺陷（疵病）的指标要求

传统建筑中的各类构件因类别不同、位置不同，功能不同，所负担的荷载也不同，这就导致了我们对木材材质的要求也各不相同。对以上列举的木材几种疵病及木材的含水率、强度、防腐、防火、防虫蛀的指标，各构件的要求如下。

一、木结构

1. 柱

（1）腐朽——不允许。

（2）木节——在构件任何一面、任何150mm长度内，所有木节（死节和活节）尺寸的总和不得大于所在面宽的2/5。

（3）斜纹——斜率≤12%。

（4）虫蛀——不允许（允许表层有轻微虫眼）。

（5）裂缝——外部裂缝深度不超过柱直径的1/3；径裂深度不大于直径的1/3；轮裂不允许。

（6）髓心——不限。

（7）含水率——≤25%。

（8）强度——根据用途、荷载等不同要求计算而定。

（9）防虫蛀、防腐、防火——根据使用环境、使用位置、防火等级要求而定。

2. 梁

（1）腐朽——不允许。

（2）木节——在构件任何一面、任何150mm长度内，所有木节尺寸的总和不得大于所在面宽的1/3。

（3）斜纹——斜率≤8%。

（4）虫蛀——不允许。

（5）裂缝——外部裂缝深度不超过材宽（厚）的1/3；径裂深度不大于材宽（厚）的1/3；轮裂不允许。

（6）髓心——不限。

（7）含水率——≤25%。

（8）强度——根据用途、荷载等不同要求计算而定。

（9）防虫蛀、防腐、防火——根据使用环境、使用位置、防火等级要求而定。

3. 枋

（1）腐朽——不允许。

（2）木节——在构件任何一面、任何150mm长度内，所有活节尺寸的总和不得大于所在面宽的1/3；榫卯部分不得大于所在面宽的1/4。死节面积不得大于截面积的5%；榫卯处不允许。

（3）斜纹——斜率≤8%。

（4）虫蛀——不允许。

（5）裂缝——外部裂缝深度不超过材宽（厚）1/3；径裂深度不大于材宽（厚）的1/3；轮裂不允许；榫卯处裂缝不允许。

（6）髓心——不限。

（7）含水率——≤20%。

（8）强度——根据用途、荷载等不同要求计算而定。

（9）防虫蛀、防腐、防火——根据使用环境、使用位置、防火等级要求而定。

4．檩

（1）腐朽——不允许。

（2）木节——在构件任何一面、任何150mm长度内，所有活节尺寸的总和不得大于圆周长的1/3；单个活节的直径不得大于檩径的1/6。死节不允许。

（3）斜纹——斜率≤8%。

（4）虫蛀——不允许。

（5）裂缝——裂缝及径裂深度不超过直径1/3；轮裂不允许；榫卯处裂缝不允许。

（6）髓心——不限。

（7）含水率——≤20%。

（8）强度——根据用途、荷载等不同要求计算而定。

（9）防虫蛀、防腐、防火——根据使用环境、使用位置、防火等级要求而定。

5．板类

（1）腐朽——不允许。

（2）木节——面积的总和不得大于截面面积的1/3。望板：在任一板内，活节面积总和不得大于板宽的2/5；允许有少量死节。连檐：正身连檐活节截面积不得大于截面积的1/3；翼角连檐活节截面积不得大于截面积的1/5；死节不允许。

（3）斜纹——望板斜率≤12%；板斜率≤10%；正身连檐斜率≤8%；翼角连檐斜率≤5%。

（4）虫蛀——望板允许有轻微虫眼；其余不允许。

（5）裂缝——板：不超过板厚的1/4，轮裂不允许；正身连檐同板，翼角连檐不允许；顺望板不超过板厚的1/3；横望板不限。

（6）髓心——连檐不允许，其余不限。

（7）含水率——≤20%。

（8）强度——根据用途、荷载等不同要求计算而定。

（9）防虫蛀、防腐、防火——根据使用环境、使用位置、防火等级要求而定。

6．椽飞

（1）腐朽——不允许。

（2）木节——在构件任何一面、任何150mm长度内，所有活节尺寸的总和不得大于圆周长的

1/3；单个活节的直径不得大于椽径的 1/6。死节不允许。

（3）斜纹——斜率≤8%。

（4）虫蛀——不允许。

（5）裂缝——外部裂缝及径裂深度不超过直径 1/4；轮裂不允许。

（6）髓心——不限。

（7）含水率——≤18%。

（8）强度——根据用途、荷载等不同要求计算而定。

（9）防虫蛀、防腐、防火——根据使用环境、使用位置、防火等级要求而定。

二、斗栱

1. 升、斗

（1）腐朽——不允许。

（2）木节——在构件任何一面、任何 150mm 长度内，所有木节尺寸的总和不应大于所在面宽的 1/2；死节不允许。

（3）斜纹——斜率≤12%。

（4）虫蛀——不允许。

（5）裂缝——不允许。

（6）髓心——不允许。

（7）含水率——≤18%。

（8）强度——根据用途、荷载等不同要求计算而定。

（9）防虫蛀、防腐、防火——根据使用环境、使用位置、防火等级要求而定。

2. 翘、昂、耍头、撑头木、桁椀等纵向构件

（1）腐朽——不允许。

（2）木节——在构件任何一面、任何 150mm 长度内，所有木节尺寸的总和不应大于所在面宽的 1/4；卡腰部分木节不允许。死节不允许。

（3）斜纹——斜率≤8%。

（4）虫蛀——不允许。

（5）裂缝——不允许。

（6）髓心——不允许。

（7）含水率——≤18%。

（8）强度——根据用途、荷载等不同要求计算而定。

（9）防虫蛀、防腐、防火——根据使用环境、使用位置、防火等级要求而定。

3. 单材栱、足材栱

（1）腐朽——不允许。

（2）木节——在构件任何一面、任何 150mm 长度内，所有木节尺寸的总和不应大于所在面宽的 1/4；卡腰部分木节不允许；死节不允许。

（3）斜纹——斜率≤10%。

（4）虫蛀——不允许。

（5）裂缝——不允许。

（6）髓心——不允许。

（7）含水率——≤18%。

（8）强度——根据用途、荷载等不同要求计算而定。

（9）防虫蛀、防腐、防火——根据使用环境、使用位置、防火等级要求而定。

4. 正心枋，里、外拽架枋，挑檐枋，井口枋

（1）腐朽——不允许。

（2）木节——在构件任何一面、任何150mm长度内，所有木节尺寸的总和不应大于所在面宽的2/5；死节不允许。

（3）斜纹——斜率≤10%。

（4）虫蛀——不允许。

（5）裂缝——不允许。

（6）髓心——不允许。

（7）含水率——≤18%。

（8）强度——根据用途、荷载等不同要求计算而定。

（9）防虫蛀、防腐、防火——根据使用环境、使用位置、防火等级要求而定。

三、装修

1. 槛框及附件

（1）腐朽——不允许。

（2）木节——活节

①不计个数，直径≤20mm；榫卯处直径≤10mm。

②150mm长度内，节子直径总和≤1/2材宽；榫卯处节子直径总和≤1/4榫卯宽。

③任何1延长米内个数≤4个死节：允许，计入活节总数；榫卯处不允许。

（3）斜纹——斜率≤15%；榫卯处，斜率≤5%。

（4）虫蛀——不允许。

（5）裂缝——深度及长度≤厚度及材长的1/3；榫卯处允许。

（6）髓心——不露出表面的允许；榫卯处不允许。

（7）含水率——≤15%。

（8）强度——根据用途、荷载等不同要求计算而定。

（9）防虫蛀、防腐、防火——根据使用环境、使用位置、防火等级要求而定。

2. 大门

（1）腐朽——不允许。

（2）木节——活节。